세 계 의 내 일

세계의 내일

기후변화의 흔적을 따라간
한 가족의 이야기

야나 슈타인게써 · 옌스 슈타인게써 지음
김희상 옮김

일러두기

- 인명과 지명은 외래어표기법을 따랐다. 다만, 그린란드어와 아이슬란드어는 발음기호와 공식 한국어
  표기법을 찾을 수 없는 경우가 많아 위키백과의 발음기호를 바탕으로 표기했다.
- 단행본은 《 》으로, 잡지·신문·논문·단편은 〈 〉으로 표기했다.
- 각주와 괄호 속 주는 모두 옮긴이 주다.

개 썰매를 타고 타실라크로 귀환하고 있다.

1

2

4

여행하며 만난 아름다운 순간들

3

1 요크모크 겨울 시장에서는 핀란드, 러시아, 노르웨이, 스웨덴에 흩어져 사는 사미족이 400년째 만남을 이어오고 있다.

2 남아프리카공화국의 아도 엘리펀트 국립공원에서 우리는 지상에서 가장 큰 포유류 동물을 보았다.

3 북극광. 북극지방의 오로라를 둘러싼 신화는 많기만 하다. 그린란드 동쪽에 거주하는 이누이트족은 태어나다가 죽은 아기들의 영혼을 오로라에서 본다고 한다.

4 한나는 탁 트인 전망을 얻을 수 있는 보닛 위의 이 자리를 좋아한다. 노르웨이의 도브레피엘 국립공원에서 찍은 사진.

5

5 파울라와 옌스가 카약을 타고 동그린란드의 피오르를 탐사하고 있다. 빙산은 예상치 못하게 무너져 내려 큰 파도를 일으킬 수 있어 거의 접근하지 않는다.

6 아침 식사 손님. 칼라가디 트랜스프론티어 공원에서 아침식사를 할 때 찾아온 남부노랑부리코뿔새.

7 호주의 남붕 국립공원에서 우리 가족은 피너클스라고 불리는 기묘한 모습의 석회암 지대를 아름다운 일몰의 노을 속에서 산책했다.

6

7

1 모로코의 에르그 셰비의 기념품 판매상 흐마드 오마르.
2 남아프리카 케이프타운의 시몬스타운에서 거리 예술가들이 작품을 판매한다. 짐바브웨 출신인 조너선은 벌써 몇 년째 철사와 형형색색의 진주로 만든 동물 모형을 관광객에게 팔아 먹고산다.
3 카롤리네 미카엘센은 가족과 함께 타실라크에 산다. 그린란드의 대다수 청년과 마찬가지로 유럽에 가서 좋은 인프라를 갖춘 환경에서 안정된 직장과 큰 집에서 살고 싶어 한다.

7

4 동그린란드의 작은 마을 틸러리라크에서 오르파와 파울라와
   친구가 되어 어울린 한나와 프리다.
5 노르웨이의 빙하계류. 빙하가 녹아 산골짜기에 흐르는 냇물
   이 놀라운 색채의 향연을 보여준다.
6 노르웨이 노를란주의 헤겔란 해안. 해발 1,600미터의 산과
   바다 사이에 꿈같은 장관이 펼쳐진다.

7 호주 북서부 킴벌리스고원의 바오바브나무.
8 아프리카 타조. 지구상에 생존하는 조류 가운데 가장 큰 새와
   남아프리카에서 조우했다.
9 기후변화의 흔적을 따라간 우리 여행의 마지막 구간. 우리는
   두 발로 걷거나, 말을 타거나, 바퀴 달린 탈것을 이용해가며
   오덴발트를 가로질러 집에 도착했다.

8   9

1 알프스를 넘어가는 일은 우리에게 호된 시련이었다.
2 "북극에서도 빨래가 말라요?" 우리 아이들은 이런 종류의 물음을 1,000개도 넘게 물어댔다.
3 웨스턴오스트레일리아주에 있는 남붕 국립공원의 피너클스 사막.

4

4 서부 호주에 있는 밀 생산 지대의 수원은 거의 말라버렸다.

5 호주 울루루에서 멀지 않은 무더운 아웃백에서 물로 더위를
식히는 소년.

6 호주 북부 더비의 모완줌 애버리지널 예술 문화 센터. 예술가
고든 바룽가가 킴벌리 동굴벽화 양식대로 그린 원지나(호주 원
주민인 애버리지니가 세계 창조와 관련한 신화적 존재를 묘사한 그
림을 뜻한다 — 옮긴이 주) 묘사.

7 물 대신 모래로 가득 찬 수영장. 수영장이 딸린 호텔은 사하라
사막이 집어삼키자 버려진 상태다. 그래도 옌스는 뛰어들었
다. 모로코의 에르그 셰비.

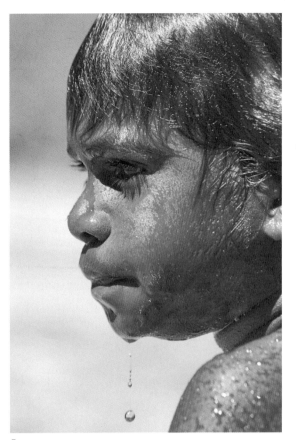

5

6　7

지금 내일이 시작된다
: 로베르토 페로니

오리털 점퍼가 눈밭에 파묻힌 등산화까지 치렁치렁 내려오는 어린 소녀가 환하게 미소를 짓는다. 영하의 추운 날씨에도 두 살배기 프리다는 자기 키보다 훨씬 큰 스키스틱을 손에 쥐고 동그린란드의 타실라크에 있는 산장 레드하우스 앞을 성큼성큼 걸으며 지나간다. 햇살이 환한 가운데 산을 향해 오르는 중이다. 아이 네 명과 함께 가족이 개가 끄는 썰매를 타고 얼음으로 뒤덮인 이 한적한 동토를 여행한다? 이게 도대체 말이나 되는 이야기일까? 야나 슈타인게써는 세계 여행의 첫 구간을 계획하면서 아이들과 여행이 정말 가능할지 전화로 문의해왔다. 나는 20년째 레드하우스에서 그린란드를 찾는 탐험대와 단체 여행객을 지원해왔다. 그러나 아이들을 데리고 여행하는 가족은 이제껏 단 한 차례도 보지 못했다.

그게 될까?

이 물음의 답은 직접 시도해보기 전에는 전혀 알 수가 없다. 현장에서 굳은 의지를 가지고 지금껏 누구도 가보지 않은 새 길을 과감히 나아가며 난관에 부딪치면 다른 길을 찾는 자세가 되어 있을 때에만 여행은 가능하다. 옌스와 야나 슈타인게써처럼 분명한 목적을 세운 경우는 더욱 그렇다. 두 사람은 자녀의 미래, 천천히 그러나 무섭게 진행되는 기후변화라는 위험이 어떤 얼굴을 하고 있는지 아이들에게 보여주기로 결심했다. 통계나 확률 같은 계산된 숫자가 아니라 우리 인류가 깃든 별, 지구가 살아가는 이야기를 아이들에게 들려주기로 했다. 그래서 가족은 도보로 옛 밀수꾼이 쓰던 길로 알프스를 넘었다. 낡디낡은 소방차 버스로 라피*로 넘어와 순록을 키우는 목동을 따라다녔다. 옌스는 사진을 찍고, 야나는 글을 썼다. 그리고 어디를 가나 아이들은 항상 함께였다.

그린란드에서 첫 겨울을 보내며 "그게 될까?"는 "어떻게 하면 될까?"로

* Lappi, 핀란드 북부의 지명으로 스웨덴, 노르웨이, 러시아와 국경을 이루는 곳이다.

바뀌었다. 예를 들어 틸러리라크 마을로 가기 위해 가족은 동그린란드의 험준한 산악 지대를 개 썰매로 넘어야만 했다. 부부는 아이들의 안전을 염려하면서도 계획은 포기하지 않았다. 또 포기할 이유가 무엇인가? 두 사람은 오래 고민할 것 없이 썰매에 달린 스키 장비 운반함을 떼어내 썰매 위로 올려 바람막이용 칸막이를 만들고 프리다와 한나를 그 안에 태웠다. 따뜻하고 안전하며 무엇보다도 전망이 좋다.

어떻게 하면 될까?

이 물음은 일상의 문제에서 부부가 아이들과 함께 세계 여행을 하며 '세계의 내일'을 바라보며 계속 생각해야 할 과제가 되었다.

이 책에서는 기후변화뿐만 아니라 지구의 모든 생명체에 우리 인간이 미치는 영향을 근본적으로 바꿔야만 한다는 점을 명확하게 알려준다. 또한 어떻게 해야 이 세상의 다양한 생명체들이 자랑하는 아름다움을 미래 세대를 위해 보존할 수 있을지, '세계의 내일'을 어떻게 가꾸어 나가야 좋을지 우리가 힘과 지혜를 모아야만 한다는 점도 분명해진다. 여기에 담은 사례들, 지구를 지키기 위해 노력하는 사람들은 우리에게 매우 강한 인상을 전하며 용기를 심어준다. 이 글을 쓰는 내내 눈앞에 펼쳐진 콩오스카르 피오르[**]의 장관을 보며 나는 분명히 깨달았다. 우리 모두의 '내일'은 정확히 오늘 시작된다는 사실을.

로베르토 페로니
Robert Peroni

등산과 모험을 즐기는 익스트림 스포츠 선수였던 페로니는 오늘날 타실라크에 살면서 레드하우스 산장을 운영한다. 관광객과 현지인이 서로 만나고, 탐험대와 기자들과 단체 여행객이 쉬어가며 정보를 얻는 레드하우스는 학교이자 만남의 장소로 인기를 누리고 있다. 동그린란드의 환경 친화적인 관광의 터를 닦기 위해 노력하는 한편, 이누이트의 문화를 보존하는 일에도 힘쓰고 있다. 이 일은 현지인에게 일자리를 마련해줘 생활의 터전을 잡게 하고 미래를 꿈꾸게 해준다.

[**] Kong Oscar Fjord, 동그린란드 해변의 빙산을 가리키는 이름이다. 1899년에 스웨덴 왕 오스카르 2세(Oscar II)의 이름을 딴 것이다.

모든 것은 어떻게 시작되었나
: 엠마의 달걀

2011년 12월 말. 하늘은 눈이 부실 정도로 파랬다. 나는 정원의 안락의
자에 앉아 몇 분 동안 햇살을 즐겼다. 두툼한 상의를 입지 않았음에도
땀이 흘렀다. 그때만 해도 이 겨울의 날씨가 독일에서 기후를 측정하고
기록한 이래 가장 덥다는 사실을 나는 몰랐다. 이미 11월에 우리는 평균
이상으로 많은 햇빛을 보았다. 내 옆에 있는 닭장에서 우리 암탉 엠마가
알 낳는 곳으로 들어가 버렸다. 아니, 이 녀석이 도대체 한겨울에 뭐하는
걸까? 나는 닭장 안으로 들어가 엠마를 살폈다. 조심스럽게 나는 털이
묻은 달걀을 들어올렸다. 엠마는 큰소리를 내며 알을 지키려 반항했다.
하나, 둘, 셋, 넷……. 네 알이나 된다. "아이고, 엠마야. 지금은 겨울이잖
아!" 나는 엠마에게 겨울은 산란기가 아니라고 타이를 것이다. 평소대로
라면! 그 대신 나는 완벽한 타원형 모양의 따뜻한 달걀 한 알을 집 안으
로 가져가 식탁에 올려놓았다. 우리 가족이 어리둥절한 눈으로 달걀과
나를 번갈아 보았다.

이상할 정도로 따뜻한 겨울날이 우리 닭들에게 흔적을 남긴 것일까?
우리는 함께 머리를 맞대고 책들을 찾아 읽으며 지구온난화가 동물의 행
동, 자연의 흐름, 식물 생태계, 농업과 같은 중요한 경제활동과 식품 안전
성 등, 요컨대 전 세계 인류 문명에 심각한 영향을 미친다는 점을 확인했
다. 그러나 책으로 확인할 수 있는 자료는 거의 항상 추상적인 숫자, 이해
하기 힘든 이론, 엄청난 자연재해를 보여주는 사진뿐이다. 과학자들은 오

늘날보다 2도에서 4도까지 기온이 높아질 경우 세계가 어떻게 변하는지 보여주는 시나리오를 개발해냈다. 이것이 우리의 지구별 생명에 구체적으로 무엇을 뜻할까? 극지방의 바다에 얼음이 사라진다면 그린란드의 이누이트는 어떻게 살아야 할까? 계속해서 사막이 늘어난다면 남아프리카 공화국에서 염소 키우는 사람들은 무슨 영향을 받을까? 알프스의 빙벽이 다 녹아내리면 이탈리아의 과수원은 어떻게 될까? 우리는 아프리카에서 동물 종이 계속 멸종하는 것과 유럽의 미래 사이에 어떤 관계가 있는지 알고 싶었다. 지구 반대편 사람들이 생존에 위험을 받는다면, 이 문제는 우리와 전혀 무관할까? 그리고 미래 세대가 살아갈 수 있는 내일의 세상을 지켜주기 위해 우리는 어떤 일을 해야만 할까?

이런 많은 물음을 배낭에 담고 우리는 전 세계를 누비는 가족 여행을 떠나기로 했다. 그린란드, 아이슬란드, 스칸디나비아, 남아프리카, 호주를 집중적으로 누빌 계획이다. 우리 가족은 걸어서 알프스를 넘어 여행을 다니며 중간중간 고향 오덴발트*로 돌아올 생각이다. 엠마에게 모이는 주어야 하니까.

• Odenwald, 독일의 헤센과 바이에른과 바덴뷔르템베르크에 걸친 산악 지대를 이르는 지명이다.

타실라크 상륙 직전의 풍경.

동그린란드

썰매 개들은 팔라펠을 좋아하지 않는다

틸러리라크의 썰매 끄는 개들.

그린란드

 면적 216만 6,086km²

 인구 5만 7,700명

 출생률 14.5(매년 인구 1,000명당 태어나는 신생아)

 인구밀도 0.027(주민 수/km²)

 1인당 이산화탄소 배출량 연간 10.48톤

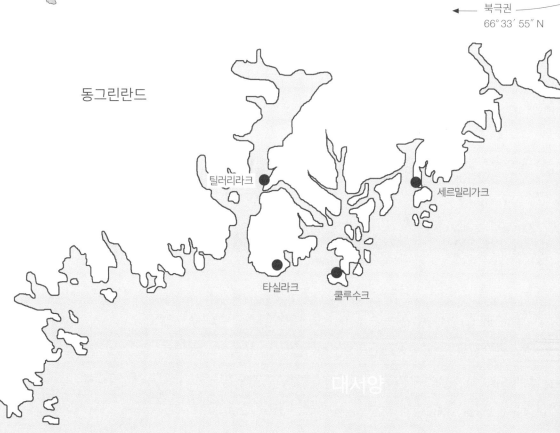

북극권
66° 33′ 55″ N

동그린란드

틸러리라크

세르밀리가크

타실라크

쿨루수크

대서양

10 km

N

오랜 하루 여행의 끝에서.

그린란드에서 맞는 첫 일출.

포커 항공기가 그린란드의 동해안을 나는 동안 우리 아래의 바다 표면에는 북극 해류에 뜬 얼음덩어리들이 거대한 예술작품을 이루었다. 해변에 가까워질수록 얼음은 서로 모여 하나의 커다란 표면을 이룬다. 얼음 아래 반짝이는 바닷물이 마치 모세혈관을 보는 것만 같다. 칼레도니아조산대*의 갈라진 틈이 많은 산맥의 뒤에 자리 잡은 그린란드라는 얼음의 땅은 170만 제곱킬로미터 면적에 가장 높은 지대의 해발고도가 3,200미터다. 이 땅은 전 세계적인 기후변화를 보여주는 상징 같은 곳이다. 과학자들은 이곳의 빙산을 그 중심까지 파고들어가서 기후변화가 남긴 흔적을 찾는다. 우주에 뜬 인공위성도 빙산을 관찰한다. 이렇게 얻어진 자료를 분석하고 평가하면서 과학자들은 지난 시절의 지구온난화를 추적하고 미래에 어떤 변화가 일어날지 예측한다. 그러나 우리는 이런 숫자보다 자연환경의 변화에 적응해온 사람들의 이야기에 더 관심이 끌렸다.

나는 이미 14살 때 그린란드를 찾고 싶어 덴마크 정부에 편지를 보내서 그린란드에 민박 가정을 알선해줄 수 있는지 물은 적이 있다. 마침내 받은 답장에서는 그린란드의 힘든 환경을 언급하며 은근히 만류했다. 민박 가정 대신 생선 가공공장에서 일해보지 않겠느냐는 제안을 받았다! 지금 파울라

* 고생대에 형성된 칼레도니아조산대는 아일랜드부터 영국의 웨일스와 스코틀랜드, 스칸디나비아 서부, 스피츠베르겐섬을 거쳐 그린란드 북부까지 대규모 산맥을 이루고 있다.

1 야나의 오랜 꿈이 실현된 순간.

1

1

2

4

3

1 2만 7,000여 킬로미터 길이에 달하는 동쪽 해안에는 단지 소
   도시 두 곳과 몇몇 마을만이 여기저기 흩어져 있다.
2 사냥꾼 라스무스 마라체는 우리를 여러 날 동안 빙하와 내륙
   의 빙벽으로 안내해주었다. 그의 여자 친구 에드바르디네는 우
   리가 원주민과 만날 수 있게 주선하고 통역을 맡아주었다.
3 한나와 프리다와 친구가 된 파울라와 오르파는 서로 몸짓과
   표정으로 의사소통을 했다.
4 쿨루수크의 공항 앞에서는 썰매가 귀향하는 사람을 기다린다.
5 타실라크에서 맞은 우리의 첫 아침.
6 사냥꾼 토비아스 이그나티우센이 북극곰 사냥에 성공했다. 그
   의 집 앞에서 가죽을 말리는 모습.

거의 모든 집에 강아지가 있다.

와 같은 나이다. 프리다는 2살, 한나는 4살 그리고 미오는 5살이다. 아이 넷을 데리고 그린란드에, 그것도 겨울에 간다니 사람들이 미친 짓이라 하지 않을까? 나는 익스트림 스포츠 선수였으며 탐험대 대장으로 활동했던 로베르토 페로니에게 자문을 구했다. 인구가 2,000명으로 동그린란드의 가장 큰 마을인 타실라크에서 그는 25년 전에 탐험대를 위한 산장 레드하우스를 지어 운영하고 있다. "아이들에게 그린란드보다 좋은 나라는 없을 거요." 페로니는 고민에 싸인 우리를 이런 말로 격려하고 힘을 북돋웠다.

로베르토는 타실라크의 헬리콥터 전용 공항으로 우리를 마중 나왔다. 우리는 그의 랜드로버를 타고 전 동부 해변에서 고작 몇 미터뿐인 도로로 지나 터덜거리며 달렸다. 차를 타고 가는 도중에 쓰레기 폐기장이 보였다. 쓰레기에서 흘러나오는 오물이 콩오스카르 피오르를 위협했다. 썰매 끄는 개들이 짖는 소리가 우리와 동행해주었다. 얼음 골짜기 사이를 울리는 개들의 소리는 파도처럼 마을을 뒤덮으며, 마치 알록달록한 플라스틱 조화처럼 눈 속에서 솟아오른 학교와 병원과 슈퍼마켓 뒤로 긴 여운을 남기며 사라졌다. 집들은 저마다 뜰에 생선과 바다표범 고기와 북극곰 가죽을 걸고 극지방의 햇살에 말리고 있다. 레드하우스 앞에 도착하자 썰매 끄는 개들의 새끼들이 우르르 몰려와 우리 다리 주위를 맴돌았다. 미쉘린 타이어의 마스코트처럼 뚱뚱하게 차려입은 우리 아이들은 곧장 강아지들과 달리기 시작했다.

처음 며칠 동안 우리는 마을 주변을 돌아보았다. 영하 15도의 날씨에서 옌스와 나는 각종 생활용품 조달이라는 문제를 고민할 수밖에 없었다. 어떻게 해야 우리 아이들이 이런 혹독한 추위에도 끄떡없이 지낼 수 있을까? 아이들은 장화를 신고도 발이 눈에 푹푹 빠지는 바람에 걷는 것조차 힘들어했다. 우리는 로베르토의 장비 창고에서 해결책을 찾아냈다. 그것은 풀카pulka라는 짐 운반용 썰매로 합성 재료로 만든 제품이다. 우리가 가진 가장 큰 방수 가방 안에 오리털 침낭을 채운 다음, 우리는 이 가방을 풀카 위에 고정시켰다. 미오와 한나와 프리다는 그 위에 올라타 깔깔거렸다. 이런 식으로 우리는 아이들을 하루 종일 끌고 다녔다. 하지만 이것은 시작일 뿐이다.

1 세르밀리가크 마을의 보아스 나타닐센.
2 뼈와 뿔을 깎아 세공품을 만드는 모습.
3 세르밀리가크의 우리 이웃 오두막.

타실라크의 주요 도로.

틸러리라크에서 타실라크로 가는 도중에 우리는 눈보라를 만났다.

우리는 이름난 사냥꾼 토비아스 이그나티우센 Tobias Ignatiussen과 함께 이 동토의 변두리에 있는 작은 마을 틸러리라크를 찾아가기로 했다. 이 마을은 헬하임 빙하가 세르밀리크 피오르로 흘러드는 곳이며, 주민은 주로 사냥으로 먹고산다. 최근에는 관광객이 갈수록 늘어나 수입을 보충해주기도 한다. 도로가 없는 이곳에서는 겨울에 오로지 두 가지 교통수단, 개 썰매와 헬리콥터만이 있다. 우리는 하루 종일 걸리는 썰매 여행을 하기로 결정했다. 토비아스와 두 명의 사냥꾼들이 얼어붙은 피오르에서 우리를 기다렸다. 개들은 흥분으로 짖어대고 서로 엉키면서 견고한 플라스틱 견인줄을 물어뜯었다. 우리가 가방을 썰매에 싣고 올라타자 사냥꾼들은 닻처럼 얼음에 박힌 쇠막대기를 뽑아냈다. 토비아스는 우렁찬 목소리로 개들에게 명령을 내리며 채찍

1

을 휘둘렀다. 썰매가 달리는 동안 그는 능숙한 솜씨로 견인줄이 꼬이지 않게 풀어주며 개들의 위치를 잡아주었다.

30년 전만 하더라도 토비아스의 집안은 옮겨다니며 살았고, 거주지는 어떤 동물을 사냥하느냐에 따라 정해졌다. "아버지는 제가 사냥꾼이 되는 걸 원하셨죠. 저는 학교라고는 가본 적이 없습니다." 토비아스는 어린 소년일 때 이미 자신의 개를 얻었노라고 말했다. 20세 때 타실라크로 와서 정착한 그는 오늘날 훌륭한 영어를 구사하며, 동그린란드 최고의 사냥꾼으로 인정받는다. 날로 커져가는 관광업을 위해서도 그는 없어서는 안 될 존재다. 지난 30년 동안 흔히 그랬듯 바다 얼음으로 사냥이 힘들어질 때마다 토비아스는 모터보트를 타고 고리무늬물범과 하프물범을 잡았다. 개 썰매를 타고 얼음 위를 달리며 사냥하는 것보다 훨씬 편리하고 효율적인 방식이다. 하지만 모든 이누이트가 이런 호사를 누리지는 못한다.

평범한 사냥꾼들은 예전에 해왔던 방식 그대로, 곧 겨울이 어떤 조건의 얼음을 만들어줄지 기다리는 방식대로 사냥할 따름이다. 그동안 과학자들은 여러 논의 끝에 그린란드의 빙상이 매년 500억에서 1000억 톤의 부피를 잃어버린다는 데 의견의 일치를 보았다. 이들은 기후변화가 바다의 얼음에 어떤 영향을 미치는지, 빙하가 녹아내리는 현상으로 무슨 연쇄반응이 일어나는지 갈수록 더 정밀하게 계산해낸다.

과학자들은 전 세계적으로 높아지는 기온 탓에 급작스러운 기후변화를 겪는 생태계를 '티핑 요소 tipping element'라고 부른다. 이런 변화는 워낙 철저해

서 되돌려질 수 없다. 포츠담 기후영향 연구소의 연구자들은 그린란드의 빙판과 북극해의 빙산도 '생태계의 아킬레스건'이라 부른다. 이른바 '아이스 알베도 피드백'[*]이라는 악순환은 저절로 강력해지는 이 프로세스의 영향을 분명히 보여준다. 빙산이 녹아 사라지면 검은색 바다가 표면을 드러낸다. 해수면은 태양열을 흡수해 얼음이 녹는 속도를 다시금 끌어올린다.

개들은 얼어붙은 피오르를 힘차게 달리며 가파른 빙산 사이를 지나갔다. 경사가 가파른 오르막을 만나면 우리는 썰매에서 내려 밀어야만 했다. 점심을

먹기 위해 멈추어 쉴 때 개들은 눈밭을 뒹굴며 사이좋게 놀았다. 나는 준비해온 식량을 꺼냈다. 아침에 로베르토의 주방에서 내가 요리한 팔라펠[**]이다. 사냥꾼들은 처음 보는 음식을 과감히 맛보았지만, 목에 걸리는 모양이었다. 토비아스는 누구도 자신을 보지 않는다고 믿었는지 팔라펠을 자신의 대장 개에게 던져주었다. 개들이 우르르 달려들더니 냄새를 맡고는 역겹다는 듯 고개를 돌려버렸다. 개들은 내 팔라펠에 입조차 대지 않았다. 옌스와 파울라는 그 광경을 보고 깔깔대고 웃다가 하마터면 썰매에서 굴러 떨어질 뻔했다.

● 알베도는 지표면에서 반사되는 태양 광선의 비율이다. 얼음과 눈으로 뒤덮였을 때는 알베도가 높아 태양빛을 반사함으로써 기온이 내려간다. 그러나 얼음이 녹아 짙푸른 바닷물이 드러나면 태양열을 흡수해 얼음을 더 빨리 녹게 만드는 현상이 아이스 알베도 피드백(Ice-albedo feedback)이다.

●● falafel, 콩과 양파와 샐러리를 갈거나 다져 만든 반죽을 튀겨 만든 중동 지역 음식이다.

1 개에게 줄 먹이.
2 사냥꾼 토비아스 이그나티우센.

2

1

1 세르밀리크 피오르의 틸러리라크에는 겨우 100명의 주민이
  산다. 대다수는 사냥으로 먹고산다.
2 우리 오두막에서 사냥꾼이 오가는 모습이 보인다.
3 토비아스가 사냥한 물범을 나일론 줄로 묶어 자신의 오두막
  에 걸어두었다.

2

3

4

4 토마시니 타르키시마트가 물범의 내장을 들어내고 있다.
5 토비아스는 아내가 살코기에서 잘 갈라낸 가죽을 바닷물에 씻는다.
6 그린란드의 개들은 배고픔이 무엇인지 잘 안다. 사냥꾼이 빈 손으로 돌아올 때마다 개들은 굶어야만 한다.

5

6

틸러리라크. 얼음의 땅 변두리에서 사는 인생은 고단하기만 하다.
외부의 지원과 도움도 오로지 여름철에만 가능하다.

1

개들은 힘차게 썰매를 끌었지만 몇 센티미터 나가기가 힘든 경우가 많았다. 특히 마지막 오름길은 겨울옷을 네 겹이나 껴입은 파울라와 옌스와 내게 엄청난 고역이었다. 발열 부츠를 신은 다리가 납덩이처럼 느껴졌다. 숨을 헐떡이며 도저히 끝날 거 같지 않은 오르막에서 사투를 벌이다가 마침내 눈앞이 툭 터졌다. 저 아래 빙하와 함께 틸러리라크의 전경이 한눈에 들어온다. 얼음으로 뒤덮인 세르밀리크 피오르의 풍경은 장엄하기만 했다. 이제 개들을 막을 것은 아무것도 없었다. 썰매는 가파른 내리막길을 무서운 속도로 곤두박질쳤다. 나는 미오를 꼭 끌어안고 균형을 잃지 않으려 안간힘을 썼다.

우리는 토비아스의 오두막에서 두 주를 보냈다. 미오와 한나와 프리다는 마을 아이들과 이내 친구가 되었다. 아이들은 온종일 눈밭에서 지

1 사냥하는 토비아스. 옌스와 파울라는 사냥에 동참해도 좋다는 허락을 받았다. 파울라가 처음에 꺼려하던 일은 이내 일상생활의 일부가 되었다.

내며 사냥꾼이 돌아오기만 목을 빼고 기다리거나, 물범 고기를 다듬는 아낙네나 개들에게 먹이를 주는 남자들을 지켜보았다. 미오와 한나와 프리다는 배가 고플 때에만 친구들과 함께 우리 오두막으로 돌아왔다.

엔스와 파울라는 물범 사냥을 나가는 토비아스를 따라가기로 했다. 토비아스는 매일 피오르로 사냥을 나갔고 엔스와 함께 피오르 반대편의 헬하임 빙하로 가려고 시도했다. 그러나 매번 예상치 못한 난관을 만나 그대로 돌아왔다. "1982년만 해도 우리는 6월에 개 썰매로 피오르를 누빌 수 있었죠. 6월에! 그렇지만 오늘날에는 겨울에도 그곳이 얼지 않아요. 개 썰매로 사냥을 하는 건 불가능해졌죠. 얼음이 충분히 두껍기만 하면 우리는 일각고래를 잡을 수 있어요. 그럴 때가 행복하죠!"

이누이트족의 전통적인 식량, 이를테면 일각고래와 흰돌고래 또는 북극곰은 2008년부터 그린란드 자치정부의 명령으로 엄격히 비율을 지키며 사냥해야만 한다. 토비아스는 이런 제한이 이누이트족과 아무런 협의 없이 내려졌다고 불만이 대단하다. 그렇지만 정부의 조치에는 충분한 근거가 있다. 보건부는 북극곰 고기의 섭취를 위험하다고 경고한다. 고기에서 금광과 화력발전소에서 배출한 수은이 주기적으로 검출되기 때문이다. 북극곰은 긴 먹이사슬의 끝에서 수은이 들어간 먹이를 먹는다. 이런 많은 외적인 요인이 앞으로도 그린란드 사냥꾼의 생업을 방해하리라는 점을 우리는 분명히 깨달았다. 특히 동물보호단체나 환경보호단체 그리고 사냥을 퇴행적이라 여기는 그린란드 일부 국민도 사냥을 힘겹게 만든다. 기후변화는 이처럼 자연과 인간이 어우러져 벌이는, 무수히 많은 요소들이 얽힌 복합 작용의 한 단면에 불과하다.

여름이 되어 우리가 타실라크로 돌아오자 그린란드의 얼음이 사라진 미래를 떠올리느라 무슨 대단한 상상력이 필요한 것은 아니었다. 그린란드의 5만 6,000명 주민 가운데 외진 동쪽에 사는 사람은 고작 3,500명이다. 서쪽 해변의 주민들은 동쪽 해안을 두고 '투누tunu'라 부른다. 등허리라는 뜻이다. 눈이 녹아버리면 여기 동쪽 해변은 완전히 다른 세상이 된다. 집 앞과 하천과 피오르에 쓰레기가 가득하다. 줄에 묶인 개들이 굶주림과 목마름에 시달린다. 알코올 중독, 세계에서 가장 높은 청소년 자살률, 턱없이 부족한 교육 기회, 높은 실업률 등 온갖 사회문제가 심각하다. 이런 심각한 문제들 때문에 기후변화라는 의제는 우선순위에서 한참 뒤로 밀릴 뿐이다. 타실라크의 슈퍼마켓과 헬스장 뒤편에 나란히 늘어선 연립주택 앞에는 사냥꾼과 그 가족이 앉아 하염없이 시간만 보낸다. 빠른 속도의 변화가 남긴 어두운 그늘이다.

그러나 그 원인을 오로지 전 세계적인 기후변화에서만 찾는 태도는 너무 순진하다. 그리고 기후변화의 영향 탓에 조국이 해를 입고 있다는 의견에 그린란드의 주민 모두 동의하는 건 아니다. 극지방의 얼음 아래에는 희귀 광물자원, 철광석, 루비, 황금, 우라늄, 석유 그리고 가스와 같은 천연자원이 풍성하다. 이를 개발한다는 것은 그린란드 경제의 성장과 함께 덴마크로부터의 완전한 독립을 의미한다. 사회자유주의를 표방하는 정당 민주주의자 Demokraatit 소속 의원 유스투스 한젠Justus Hansen은 자

세르밀리가크의 여름.

원이 개발될 경우 일자리와 미래 전망이 밝아지며, 보건과 교육 분야도 획기적인 개선이 기대된다고 열띤 목소리로 강변한다. 인프라가 좋아져 그린란드 남부의 양봉업자, 감자와 딸기 농부의 산물도 동쪽에 팔릴 수 있을 것이라고도 그는 강조한다. 그린란드의 민감한 환경에서 빚어질 수 있는 생태의 파국은 걱정하지 않느냐는 우리의 질문에 그는 이렇게 답했다. "우리는 그린란드를 인류의 박물관으로 보존할 수도 있죠. 하지만 이럴 경우 모두 합당한 비용을 지불해야만 합니다." 에콰도르 대통령은 유엔에서 비슷한 거래를 제안한 바 있다. 석유 개발을 포기하는 대가로 지구상에서 생물 종이 가장 풍부한 지역 가운데 하나인 야수니 국립공원의 보존을 위해 경제지원을 해 달라는 제안이다. 요구한 36억 달러 대신 실제로 지원된 금액은 고작 1330만 달러다. 그래서 2013년부터 야수니에서는 검은 황금이 흐른다.

"아들놈에게 슈퍼마켓에서 사과를 사주고 싶어요. 아들은 좋은 학교를 다녀야 합니다. 그 돈은 그린란드의 광산 개발과 관광업 진흥으로 나와야만 합니다."

작은 이누이트 마을 세르밀리가크 역시 눈이 녹으며 새로운 얼굴을 자랑한다. 라스무스 마라체Rasmus Maratse는 동그린란드에서 막강한 영향력을 자랑하는 가문 출신이다. 그는 오로지 사냥으로만 먹고사는 몇 안 되는 사냥꾼 가운데 한 명이다. 그만큼 사냥은 힘들고 거친 직업이다. "얼마나 더 이 짓을 할 수 있을지 모르겠소." 라스무스는 한숨을 내쉰다. 미오는 생선 대가리를 그물망에 미끼로 끼우는 라스무스의 모습을 지켜보았다. 벌써 며칠째 물범을 잡지 못한 터라 그의 가족은 이번만큼은 물범이 잡히기만 간절히 바란다. "내게 아이들을 있다면, 절대 사냥꾼이 되게 하지 않을 겁니다!" 해빙, 곧 바다 얼음은 2월부터 4월까지 두 달 동안만 언다. 그래서 라스무스는 자주 모터보트에 의존할 수밖에 없다. 그만큼 많은 비용이 들어간다는 뜻이다. "광산이 대안일 수 있을까요?" 이 질문에 그는 고개를 절레절레 흔든다. 광산은 너무 위험하다는 것이 그의 생각이다. 광산을 개발하게 되면 동물이 사라진다. 곧 사냥은 영원한 끝장을 맞는다. 그린란드의 수도 누크나 덴마크 정부가 결정하는 것은 자신의 인생과 아무 상관이 없다고 라스무스는 말한다.

1 프리다가 동그린란드에서 샐러드로 즐겨 먹는 식물을 맛보고 있다.
2 그린란드의 초롱꽃. 캄파눌라 기제키아나 *Campanula gieseckiana.*

1

1 보트에서 바라본 세르밀리가크 마을.
2 카미크(카미크kamik 또는 머클럭mukluk은 극지방 원주민들이 신는 장화로 이누이트 장화라고도 한다—옮긴이 주). 물범 가죽을 햇볕에 말려 염색한 가죽 조각으로 장식한 전통 장화.

3 미오가 축구공을 가지고 놀면 이내 친구들이 모여든다.

4

4 카랄레 빙하의 전경. 얼음을 잃어버린 모습이 한눈에 확연히
  드러난다.
5 옌스와 라스무스 마라체가 요한 페테르센 피오르에 텐트를
  친 모습.
6 "그린란드에서 자전거를 탄다? 불가능해!" 그래도 옌스는 스
  파이크가 달린 타이어로 도전했다.

5

6

북극해에서 우리는 환상적인 모양의 빙산을 만났다.
언제라도 균열이 일어나 무너질 수 있어 대단히 위험한 빙산이다.

사냥 제한은 그의 인생을 더욱 어렵게 만들 뿐이다. 몇 안 되는 동물을 놓고 더 좋은 장비를 갖춘 취미 사냥꾼과 라스무스는 경쟁해야만 하기 때문이다.

구체적으로 어떤 변화가 일어나고 있는지 보여주려고 라스무스는 자신의 보트에 우리를 태우고 카랄레 빙하로 데려갔다. 이곳에는 하나의 덩어리를 이룬 채 바다에 흘러 다니는 빙산만 녹는 게 아니었다. 심지어 뭍에서 바다 쪽으로 혀를 내민 모양을 이루던 빙상조차 자취를 잃고 있다. "20년 전만 하더라도 이곳은 전혀 다른 모습이었어!" 78세로 이곳 주민 가운데 가장 연로한 노인 축에 들어가는 보아스 '파비아' 나타닐센Boas 'Pavia' Nathanielsen이 확인해준 사실이다. 그러나 오늘날 세르밀리가크 주민은 빙산이 사라지고, 격심한 폭풍이 늘어나 더욱 힘겨워한다. "옛날이 더 살기 좋으셨어요?" 보아스는 잠시 뜸을 들였다가 대답을 했다. "가족이 굶주림에 시달리면 나는 바다로 나가야만 했지. 혼자서. 카약에 몸을 싣고. 날씨가 어떻든 무조건 나가야 했어. 전기라는 건 아예 몰랐지. 우리에게 불태울 수 있는 거라고는 동물 기름뿐이었어. 지금 나는 전기가 들어오고 난방이 되는 집에서 살아. 사냥도 보트와 총 덕분에 한결 쉬워졌지." 보아스는 라스무스

1 우리는 타실리크로 갈 보급선을 기다렸다.

의 여자 친구 에드바르디네가 통역하는 동안 기다렸다. 그러고는 이렇게 덧붙였다. "하지만 외뿔고래를 보기가 너무 힘들어졌어. 모터 소리가 고래들에게 너무 시끄러운가 봐."

우리가 그린란드에 머무를 날도 며칠밖에 남지 않았다. 나는 파울라와 미오와 한나와 프리다에게 친구들을 다시 만나게 해주겠다던 약속을 지켜주어야만 했다. 엔스와 라스무스는 보트를 타고 내륙을 향해 출발했다. 우리는 물자 보급선을 타고 타실라크로 가서, 거기서 다시 보트를 타고 틸러리라크로 가야 한다. 빙산 사이의 해무를 헤쳐 나가는 항해는 거칠기만 했다. 작은 배는 북극해의 거친 파도에 사정없이 흔들렸다. 몇 시간째 추위에 몸을 떨다가 틸러리라크에 도착하자 한숨이 절로 나왔다. 오르파와 안기우크를 비롯한 아이들은 우리를 보자 어쩔 줄 모르고 좋아했다. 아이들은 서로 끌어안았다. 나는 짐을 끌고 암벽을 지나 토비아스의 오두막으로 갔다. 토비아스는 여행사 내추럴 해비타트의 탐사 분야 책임자 올라프 말버Olaf Malver와 대화가 한창이었다. 마을의 문제들과 충분히 안전하게 떨어진 곳에 부유하고 자연에 관심이 많은 관광객을 위한 럭셔리 산장이 들어설 계획이 대화 주제였다. "기후변화의 영향을 막을 계획은 없나요?" 내가 물었다. 말버는 큰소리로 웃었다. 기후변화를 막는 게 아니라 즐기자는 거란다. "우리 손님들은 이 누천년 묵은 빙상에서 저녁에 위스키를 서빙 받을 겁니다. 이 여행을 판매하는 전략에 기후변화보다 더 좋은 건 없죠."

세르밀리가크의 우리 이웃 아이들.

핫스팟 북극

북극과 그린란드는 영원한 얼음의 땅이자, 에스키모와 북극곰과 북극여우의 고향으로 거의 모든 아이들이 아는 곳이다. 그렇지만 기후 연구자의 눈에 얼음의 땅 북극은 안타깝게도 지구온난화의 핫스팟이다. 20세기 중반부터 북극의 기온은 2도가 높아졌다. 북극은 지구의 다른 지역 평균보다 세 배나 더 더워졌다. 이렇게 사라진 얼음은 지구온난화를 가장 두드러지게 보여주는 징후다.

우선 바다의 얼음과 내륙의 얼음이 근본적으로 다르다는 점을 알아야 한다. 바다 얼음은 해수가 얼어붙은 것이다. 북극해의 대부분은 얇은 얼음부터 몇 미터나 되는 두꺼운 얼음으로 덮여 있다. 바다 얼음의 표면적은 계절에 따라 세 배 정도의 편차를 보인다. 3월에는 1500만제곱킬로미터에 달한다(독일 면적의 40배다). 반면 9월에는 500만제곱킬로미터다. 얼음의 반짝이는 표면은 북반구 기후에 중요한 역할을 한다. 얼음은 햇빛을 우주로 반사시키며, 해수가 열을 공기에 빼앗기는 것을 막아주기 때문이다. 반대로 얼음덩어리는 해수면 높이에 직접적인 영향을 미치지 않는다. 바다 얼음이 이미 물속에 떠 있기 때문이다.

반대로 그린란드의 빙상은 산악의 빙벽처럼 눈이 내려 쌓인 것이 땅 위에서 얼어붙었기 때문에 엄청나게 두껍다. 빙상은 족히 3킬로미터 정도의 두께와 함께 280만 세제곱킬로미터의 부피를 자랑한다. 이 엄청난 양이 완전히 녹는다면 해수면은 거의 7미터나 높아진다. 그만큼 지구온난화가 몰아올 파국은 심각하다.

먼저 바다 얼음을 관찰해보자. 여름에 두께가 얇아지는 얼음은 기후에 그만큼 민감하게 반응하는데 20세기 중반 이후 지금까지 양이 거의 절반가량 줄어들었다. 두께가 중간 정도 되는 얼음도 절반으로 줄어들었다는 점을 감안하면 이미 여름의 얼음덩어리는 3/4이 손실된 셈이다. 물론 겨울이 되면 북극해는 극야極夜* 기간에 다시 얼지만, 두께가 얇아져 있기에 그만큼 기후에 민감해진다. 그래서 몇 년을 두고 언 바다 얼음이 그저 몇 개 남아 있을 따름이다.

얼음의 이런 손실 때문에 북극의 전체 지역에서 온난화가 특히 심해진다. 그린란드의 운명을 위협할 정도로 얼음 손실은 심각하기만 하다. 햇빛 대부분을 반사시키는 반짝이는 얼음이 검푸른 바닷물로 대체되는 바람에 바다는 태양열을 고스란히 받아들인다. 북극의 과도한 온난화는 물리적으로 충분히 예상할 수 있으며, 기후 모델로 예측된다.

예측이 불가능하며 과학적으로도 아직 분명히 이해되지 않는 현상은 얼음 손실이 중부 유럽의 기후에 미치는 영향이다. 현재 이 문제는 치열한 연구 대상이다. 분석 결과는 남부의 열대와 극지방 사이의 기온 대비가 줄어들면서 대기권의 순환을 바꾸어놓음을 암시한다. 중부 유럽의 기후에 큰 영향을 주는 제트기류, 곧 대기권 상층부의 강한 바람이 속도가 느려지면서 북쪽에서 남쪽으로 더 큰 대기권 파장을 일으켜 중부 유럽에서는 기상이변이 일어난다. 다시 남쪽에서 맞바람이 불어 기류는 그야말로 널뛰기를 한다. 이렇게 해서 다양한 기후변화가 일어난다. 예를 들어 2002년 엘베 강의 홍수, 2003년의 '세기적인 여름' 또는 2010년 러시아의 기록적인 더위와 관련해 학술서적은 북극해의 얼음 손실을 그 원인으로 꼽는다.

2007년에는 유사 이래 처음으로 북서항로**가 얼음 없는 탄탄대로가 되었다. 심지어 2008년에는 북동항로도 마찬가지였다. 2009년 여름에는 브레멘의 선박회사 벨루가 시핑 소속 화물선이 북동항로를 처음으로 완주했다. 얼음 손실과 더 쉬워진 접근성 때문에 북극의 천연자원을 노리는 욕구가 일깨워졌다. 2007년 8월 러시아는 북극의 해저에 깃발을 꽂아 그곳에 묻혔을 것으로 추정되는 석유

• 겨울철에 고위도 지방이나 극점 지방에서 추분부터 춘분 사이에 오랫동안 해가 뜨지 않고 밤만 계속되는 상태로, 밤에도 어두워지지 않는 백야의 반대 현상이다.
•• 북서항로는 유럽에서 서북으로 항해해서 북극해를 거친 뒤 아시아와 태평양에 이르는 항로이며, 북동항로는 이와 반대로 유럽에서 동북으로 항해해서 북극해를 통과해 아시아와 태평양에 이르는 항로다.

와 천연가스를 선점했노라 선포했다. 물론 2015년의 파리기후협약은 지구온난화를 2도 이하로 막기 위해 이미 알려진 화석연료의 80퍼센트를 개발하지 않고 그대로 지하에 두기로 정하기는 했다. 북극이라는 섬약한 생태계에서 천연자원을 개발하는 일은 위험하고 막대한 비용이 드는 탓에 굳이 그런 제한이 없더라도 별 의미가 없다. 오히려 이미 남극에서와 마찬가지로 북극을 포괄적인 보호구역으로 지정하려는 노력이 실현되어야만 한다.

두 번째로 그린란드의 빙상, 내륙 얼음을 살펴보자. 내륙에서는 계속 눈이 내리며 얼음의 크기를 키우는 반면, 바다와 맞닿은 따뜻한 해변에서는 얼음이 녹아 바다로 소실되고 만다. 균형을 이룬 경우에는 생겨나는 얼음과 손실되는 얼음이 상쇄된다.

그러나 그린란드의 빙상은 지구온난화 탓에 계속해서 균형을 잃어왔다. 나사의 위성이 측정한 데이터는 1992년부터 얼음이 매년 2870억 톤 사라진다고 확인해준다. 이 양은 에베레스트산 질량의 두 배에 맞먹는 것으로 10년마다 해수면이 8밀리미터 높아지게 만든다. 이는 전 세계 해수면 상승의 1/4에 해당하는 수준이다. 〈내셔널 지오그래픽〉 사진기자 제임스 발로그*는 자신의 프로젝트 '익스트림 아이스 서베이Extreme Ice Survey'를 추진하면서 북극에 여러 대의 카메라를 설치하고 몇 년에 걸쳐 얼음이 녹아가는 과정을 기록했다. 이렇게 만든 다큐멘터리 필름 『빙하를 따라서Chasing Ice』는 급속도로 진행되는 빙하 손실을 구체적으로 확인하고 싶은 사람은 누구라도 관람할 수 있다. 심지어 2012년 7월 그린란드에서 얼음이 녹은 물이 범람해 왓슨강의 다리를 쓸어버리기도 했다.

더욱이 얼음이 녹아 대서양으로 흘러드는 많은 양의 담수는 바닷물의 소금

• James Balog, 1952년생의 미국 사진작가이자 지리학자이며 등산가다. 무엇보다도 기후변화의 위험을 대중에게 각성시키기 위한 작업으로 잘 알려진 인물이다.

함량을 확연히 감소시킨다. 이처럼 희석된 바닷물은 해저로 가라앉기 힘들기 때문에 대서양의 조류를 약화하는 결과를 낳는다. 흔히 '북대서양 해류'라고 불리는 바닷물의 흐름은 이로부터 심각한 영향을 받는다. 기후를 기록하기 시작한 이래 2015년은 역사상 두 번째로 가장 더웠던 해였던 반면, 심지어 어떤 지역은 오히려 추워지는 현상이 나타난 것은 바로 해류의 이런 영향 탓이다. 대서양의 아한대 지역은 보통 북대서양 해류 때문에 기온이 올라감에도 2015년은 놀랍게도 기후를 측정한 이래 가장 추운 해로 기록되었다.

그린란드의 얼음은 대략 2만 년 전에 끝난 빙하기가 남긴 잔재다. 오늘날의 기후(또는 20세기의 기후)로는 이런 거대한 얼음이 생겨나지 않는다. 일단 형성된 얼음은 오랜 세월이 지나도록 녹지 않는다. 3,000미터 두께의 얼음 표면은 너무 차서 그 위에 내리는 눈이 녹을 틈이 없기 때문이다(고산지대의 빙벽과 마찬가지다). 이런 거대한 얼음은 자신을 보존하기에 필요한 기후조건을 스스로 만들어낸다. 이런 자기 보존 시스템에는 그러나 결정적인 약점이 있다. 어떤 지점에 이르면 스스로 무너지기 때문이다. 빙상이 계속 질량을 잃어 두께가 얇아지면서 악순환은 시작된다. 표면이 녹아 얼음 두께가 얇아지면서 얼음 자체는 갈수록 더 따뜻해지는 공기층과 접촉한다. 이런 추세로 온난화가 지속된다면 언젠가 얼음은 완전히 녹아버린다. '기후변화에 관한 정부간 협의체IPCC'의 최신 보고서는 빙상을 위협하는 글로벌 온도 상승을 섭씨 1도에서 4도 사이로 추정했다. 섭씨 1도 상승은 이미 2015년에 넘어섰다.

완전한 해빙은 이번 세기 말쯤에 이뤄질 것으로 추정된다. 그러나 지구온난화를 제때 막지 못한다면 몇십 년 안에 그 속도는 점점 빨라진다. 2015년 12월의 파리기후협약은 온난화를 최대 섭씨 1.5도에서 2도 사이로 제한하는 것을 195개 모든 회원국의 의무로 규정했다. 지금부터 중요한 것은 각국 정부들이 이 의무를 실행에 옮기도록 독려하는 일이다.

슈테판 람스토르프
Prof. Dr. Stefan Rahmstorf

포츠담 대학교 해양물리학 교수다. 포츠담 기후영향연구소의 부서장으로 무엇보다도 해수면 상승과 해류 문제를 집중적으로 연구한다.

아이슬란드

유럽의 날씨를 요리하는 곳

자연공원 퍄들라바크, 아이슬란드 남부.

아이슬란드

 면적 10만 3,000km²

 인구 33만 2,000명

 출생률 13.9(매년 인구 1,000명당 태어나는 신생아)

 인구밀도 3.2(주민 수/km²)

 1인당 이산화탄소 배출량 연간 10.56톤

북극권
66° 33′ 55″ N

아퀴레이리

아이슬란드

스나이펠스외퀴들

굴포스

레이캬비크

란트마날뢰이가르

요쿨사르론

대서양

50 km

N

레이캬비크 남쪽의 마을.

힘센 말들 덕분에 비로소 섬에 사람이 살 수 있다

냄새나고 뜨거운 김이 솟아나며 들끓는다. 잿빛 진창이 땅에 파인 구멍들에서 부글부글 끓어오르며 코를 찌르는 가스를 뿜어내다가 다시 푹 꺼진다. 빠르게 흘러가는 구름이 우리 머리 위로 차가운 부슬비를 뿌린다. 마치 달나라를 보는 것만 같은 이 초현실적인 풍경 속에서 지프차 한 대가 우리 옆에 멈춘다. 하얀 천이 눈사태처럼 차 안에서 쏟아져 나온다. 하얀 드레스에 베일을 쓴 신부가 진창이 끓어오르는 구덩이 사이를 조심스레 걷는다. 그 뒤로 정장을 반듯하게 차려입은 신랑이 따른다. 나는 코를 찌르는 냄새에 숨을 참았다. 자칫 한 걸음만 헛디뎌도 신랑은 그 반짝이는 구두와 함께 곧장 지옥의 입구로 빠지리라. 빗방울이 본격적으로 쏟아진다. 바람이 신부의 베일을 휘날리게 만들며, 사진사의 삼각대를 사정없이 흔들어놓는다. "나는 절대 아이슬란

1

드에서 결혼하지 않을 거야." 한나가 종알거렸다.

아이슬란드는 지질학적으로 사춘기의 반항하는 십대라 불러도 손색이 없다. 성장하면서 몸을 사리는 일이 없으며 어느 쪽으로 튈지 가늠하기 힘든 땅이기 때문이다. 지구상 최대의 이 화산섬은 유라시아 대륙판과 북아메리카 대륙판 사이의 대서양 한복판 해저에서 화산이 폭발하면서 대략 1억 년 전에 생겨났다. 오늘날 섬에서 보는 가장 오래된 암석은 2000만 년의 풍상을 자랑한다. 그리고 암석은 끊임없이 성장하는 중이다. 아이슬란드의 주민은 이런 환경 속에서 살아가는 법을 안다. '앞뜰'의 화산은 주민에게 조금도 특별한 게 아니다. 아이슬란드 주민의 고향 땅 가운데 1/4은 남동쪽에서 북서쪽으로 뻗은 활화산 띠로 이뤄졌기 때문이다. 우리 친구 카트리네와 욘 잉기는 레이캬비크의 화산 바우르다르붕카가 불안하게 몸을 뒤채는 것을 별로 긴장하지 않고 바라본다. 물론 이곳 주민은 화산의 최신 동향을 보여주는 정보를 규칙적으로 예의주시하기는 한다.

아이슬란드의 뜨거운 면모는 주민에게 많은 이점을 제공하기도 한다. 지열 덕분에 아이슬란드는 온천수와 에너지를 풍부하게 누린다. 주민은 전기와 열에너지를 100퍼센트 재생 가능한 에너지로 얻는다. 이 에너지로 정원에서 핫포트*를 즐기며 난방을 하고 세탁기를 돌릴 뿐만 아니라, 얼음장처럼 추운 북대서양의 만 전체를 레이캬비크의 온천탕으로 만들어 즐기기도 한다. 아이슬란드의 지열과 수력은 전혀 예상치 못한 꽃도 활짝 피운다. 섬의 남

* hot pot, 쇠고기나 양고기에 감자와 야채를 섞어 냄비에 찌는 요리를 말한다.

쪽에는 유럽에서 두 번째로 큰 규모의 바나나 농장이 위용을 자랑한다. 북극권 지역에 바나나 농장이라니! 우리 아이들은 너무 좋아 팔짝팔짝 뛰었다. 그린란드에서 몇 주 동안 신선한 과일과 야채는 구경도 하지 못한 우리 가족은 당장 슈퍼마켓의 신선식품 매장으로 달려갔다. 우리는 북쪽 여행을 위한 예비 식량도 든든히 챙겼다. 타실라크에 있는 로베르토의 레드하우스 산장에서 우리는 아르드그리무르 요한손Arngrímur Jóhansson을 만났다. 극지방 법 연구소Polar Law Institute에서 일한다는 요한손의 말에 귀가 번쩍 뜨였다. 극지방은 기후변화로 경제적, 지리적, 정치적으로 중요성이 부각되면서 갈수록 관심이 커지는 대상이다. 아퀴레이리에 있는 극지방 법 연구소는 지역이 기후변화로 받는 영향을 법적 측면에서 연구한다. 우리가 이번 여행을 나서게 만든

주된 동기와 공식적으로 잘 맞아떨어지는 주제다.

비공식적인 동기는 네 발 달린 짐승을 만나보고 싶은 것이다. 아이슬란드라는 섬에 사람이 살 수 있게 된 것은 이 짐승과 바이킹 덕분이다. 아이슬란드 말은 우리 가족이 정말 좋아하는 동물이다. 아이슬란드 말은 강인하고 저항력이 뛰어나며 믿음직하다. 수백 년 동안 섬에서 무거운 짐을 먼 거리, 특히 용암이 굳어진 험난한 들판과 강과 빙상 그리고 끓는 물이 샘솟는 지대와 불안하게 몸을 뒤채는 화산 지대를 통과해서 옮길 유일한 수단은 바로 이 말이었다. 아이슬란드 말은 오늘날에도 섬 주민의 일상생활에 없어서는 안 될 중요한 동반자다.

1 한나는 집으로 데리고 가고 싶은 말을 만났다.
2 아이슬란드의 양은 17가지나 되는 다양한 색의 양털을 자랑한다.

2

1

2

3

4

1 아이슬란드는 우리가 땅이 생겨나는 장면을 볼 수 있는 유일한 곳이다.
2 한나의 머리카락은 우리의 풍속계였다.
3 스나이펠스네스에서 요리를 하는 우리 가족. 바람막이가 없으면 이곳에서 시리얼을 접시에 담아 먹을 수도 없었다.
4 호수에 뜬 얼음덩어리가 물결을 일으키는 요쿨사르론 호숫가의 검은 모래사장.

5　6

5 아주 가파른 비탈에서조차 이끼와 풀과 꽃이 자란다.

6 스트로퀴르의 간헐천에 물살이 일어나는 모습.

7 스나이펠스네스반도 남쪽의 골짜기에서.

8 우리는 스나이펠스네스의 게르두베르그 주상절리 근처에 있
　는 분화구에 올랐다.

9 아이슬란드를 떠난 말은 단 한 마리도 고향으로 돌아오지 않
　았다.

7　8

9

우리에게 말안장보다 더 아름답게 아이슬란드를 감상할 방법은 없다.

북극의 기후, 화산 활동, 인간의 간섭이 아이슬란드의 생물 종 다양성을 줄인다.

카트리네와 욘 잉기 역시 말이 없는 인생은 상상조차 할 수 없다고 말했다. 카트리네는 첫날부터 곧장 우리를 지프에 태워 들판을 가로질러 가르다바이르로 데려갔다. 그곳은 아이슬란드 대통령의 관저가 있는 곳이다. 소박한 저택은 국가를 상징하는 화려함과 거리가 멀며, 드높은 담장으로 둘러싸이지도 않았다. "아이슬란드의 대통령은 항상 국민과 어울리지. 작년 겨울에는 친구들과 함께 말을 타고 대통령 관저로 가서 신년을 축하하는 건배를 했어!" 우리는 카트리네와 함께 사흘 동안 알프타네스, 백조의 반도라는 뜻을 지닌 도시를 말을 타고 둘러보았고 저녁에는 별이 가득한 아이슬란드 밤하늘 아래서 핫포트를 즐겼다.

아이슬란드가 자리 잡은 곳은 지구의 아한대기후 지대다. 날씨 변화는 급격하고 거칠기만 하다. 섬 전체는 북극권이라는 위치가 무색할 정도로 온화한 기후를 자랑한다. '얼음의 땅'이 이처럼 온화한 기후를 보이는 것은 이르밍거 해류Irminger current 덕분이다. 북대서양 해류의 이 지류는 섭씨 4도에서 6도까지의 난류로 아이슬란드의 남쪽과 서쪽 해변을 따라 시계 방향으로 흐른다. 반대로 섬의 북쪽은 훨씬 차가운 동그린란드 해류의 영향을 받는다. 이런 난류와 한류가 만나 온화한 대서양 공기와 차가운 북극 공기가 충돌한다. 그 결과 강한 바람과 함께 격랑이 반복되면서 날씨가 빠르게 변화한다. "날씨가 맘에 들지 않거든 15분만 기다려봐." 아이슬란드의 이 속담을 우리는 정말이지 고약한 날씨로 힘들어할 때마다 들었다.

아퀴레이리로 가는 길에 우리는 90킬로미터 길이의 스나이펠스네스반도에 텐트를 치고 야영을 하고 싶었다. 텐트 치기에 환상적인 장소를 곧바로 찾아냈다. 길게 뻗은 산등성이 아래에 풀이 부드럽고 바로 앞에 작은 호수가 있는 그곳에는 털이 탐스러운 양들이 노닌다. 그러나 텐트를 치자마자 반도의 날씨는 명성에 손색이 없는 위용을 과시했다. 바람을 받은 텐트는 당장에라도 날아가 버릴 것만 같았다. 우리 가족은 다섯 명이 힘을 합쳐 간신히 텐트의 말뚝을 박았다. 얼마 지나지 않았음에도 우리는 몸이 얼어붙는 것만 같았다. 오로지 뜨거운 차와 운동만이 도움을 주었다. 우리는 산을 오르락내리락하며 부지런히 뛰었다. 늪지대를 걸어 다니고, 활동이 멈춘 화산의 미끄러운 비탈을 오르는가 하면,

1 산비탈에 물이 흐르는 모습.
2 아이슬란드의 자연이 자랑하는 위용에 비하면 가장 큰 농장조차 장난감 집처럼 보인다.

클레이파르바튼 호수 언저리에서 갑자기 회오리바람이 일었다.

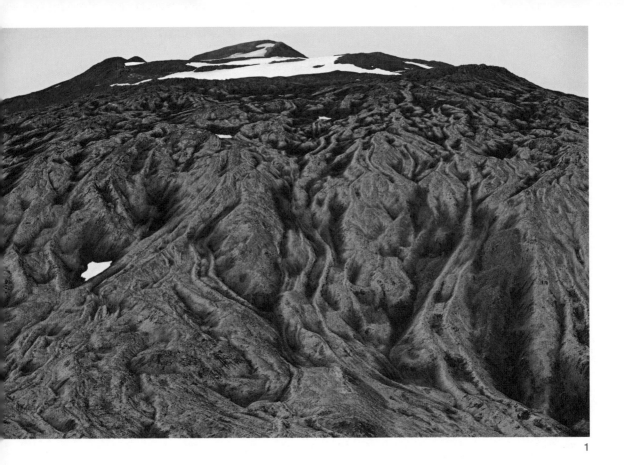

1

1 스나이펠스네스반도 서쪽의 스나이펠스외퀴들 성층화산의
   남쪽 날개.
2 임무 수행 중인 파일럿. 아르드그리무르 요한손은 자신의 항
   공사를 매각한 이후, 극지방의 미래를 위해 헌신하고 있다.
3 레이캬네스반도에 있는 크리수비크 화산의 지열 지대.

2

3

4

4 굴포스 폭포는 아이슬란드의 가장 유명한 장관 가운데 한 곳이다.

5 바트나이외퀴들 남쪽의 빙하로 이뤄진 요쿨사르론은 수심이 248미터로 아이슬란드에서 가장 깊은 호수다. 호수가 흘러나가는 좁은 통로를 따라 거대한 빙산이 직접 대서양으로 흘러든다.

6 프리다가 수상비행기를 조종하는 아르드그리무르를 위해 노래를 불렀다. 그는 자신의 고향 아퀴레이리를 우리가 내려다볼 수 있게 해주었다.

5

6

양들의 꽁무니를 따라 시냇물을 건너 바람 부는 산등성이에 올라가보기도 했다. 이토록 고단하게 몸을 움직였음에도 밤에 나는 눈을 붙일 수가 없었다. "우리 텐트가 날아가는 줄 알았어!" 다음 날 아침 파울라가 한 말이다.

아이슬란드와 그린란드 주변의 북극권 지역을 두고 사람들은 흔히 유럽의 날씨가 요리되는 곳이라고 말한다. 아이슬란드를 중심으로 북대서양에 형성되는 저기압은 독일 날씨에 중요한 영향을 주기 때문에 '아이슬란드 저기압'이라고 불린다. 이 저기압은 뉴펀들랜드나 그린란드에서 불어오는 대륙의 차가운 공기가 대서양의 따뜻한 해류와 만나 생겨난다. 따뜻한 공기와 차가운 공기가 뒤섞이며 생겨나는 아이슬란드 저기압의 맞수는 마찬가지로 북대서양에 형성되는 '아조레스 고기압'이다. 이 두 기압이 함께 벌이는 놀이는 북아메리카와 북대서양 그리고 유럽의 기후를 쥐고 흔드는 중요한 역할을 한다. 과학자들은 아이슬란드 저기압과 아조레스 고기압이 충돌하며 빚어내는 이런 영향을 '북대서양 진동'*이라고 부른다. 특히 겨울 하반기의 북반구 기온 변화와 태풍의 발생과 강수량에 큰 영향을 미친다. 잘 형성된 아이슬란드 저기압과 아조레스 고기압이 충돌하는 경우에는 '코리올리 힘'**의 영향을 받아 북대서양 상부에 강한 바람, 이른바 편서

풍이 생겨난다. 편서풍은 겨울에 유럽으로 따뜻하고 습한 공기를 실어다 준다. 많은 비가 내리며, 눈은 거의 내리지 않는다. 기압의 차이가 크게 줄어들면 편서풍은 약해진다. 기류가 방해를 받으면서 유럽의 날씨는 물구나무를 선다. 지중해 권역의 겨울은 따뜻하고 습한 반면, 유럽 중부는 북쪽과 동쪽에서 몰려오는 한기로 혹한을 맞이한다.

독일의 겨울과 봄 날씨는 이처럼 북대서양 진동이 결정한다(엘니뇨 등 다른 기후 현상과 함께). 동물과 식물을 비롯한 생태계 전체, 무엇보다도 낙엽이 지는 것과 꽃봉오리의 형성, 철새의 이동, 해수면 기온, 해류 등이 북대서양 진동의 영향을 받는다. 대다수 과학자는 독일 대기권의 이산화탄소 비중이 북대서양 진동 탓에 변화하는 것으로 추정한다. 그러나 바다와 대기권 사이의 에너지 흐름과 온기의 교류, 바다를 떠도는 유빙의 형성과 분포, 열염 순환***과 같은 바다의 거대한 펌프 작용 역시 북대서양 진동의 영향을 받는다. 아이슬란드의 농부들은 북쪽에서 동그린란드의 해류를 타고 아이슬란드까지 흘러오는 유빙을 두려워한다. 이 유빙은 작물의 성장 단계를 단축시키기 때문이다. 아이슬란드의 농부들은 옛날에 가축에게 줄 먹이가 부족

● 계절에 관계없이 존재하는 아이슬란드 저기압과 아조레스 고기압 사이 기압차가 시소처럼 변하는 현상. 북유럽과 지중해, 북아프리카는 물론이며 북대서양과 북아메리카 지역에 영향을 미치는 기후 현상이며 북대서양의 생태학적 변동까지 유발한다고 알려져 있다.
●● 기류가 회전하면서 생기는 관성력을 이르는 표현으로, 이 현상을 1835년에 발견한 프랑스 과학자 코리올리의 이름을 땄다.
●●● 열과 담수가 유입됨에 따라 해수 밀도의 지역적 차이에 의해 발생하는 대규모 해양 순환의 일부다. 열염(thermohaline)이란 용어는 온도를 뜻하는 themo와 염분 함량을 뜻하는 haline이 결합된 것으로, 온도와 염분 함량 모두 해수의 밀도를 결정하는 중요한 요소임을 암시하고 있다.

1

해지면 어쩔 수 없이 사육을 포기하고 운명에 맡겨야만 했다. 심지어 농사 자체를 포기해야 하는 어려움에 시달렸다.

아이슬란드 말의 땅을 누비면서 우리는 뒤늦게 슈퍼마켓의 신문 판매대 옆에 왜 편자와 편자 박는 못과 이에 필요한 연장을 파는 판매대가 있는지 깨달았다. 그렇지만 북쪽 땅에서 승마를 하는 것은 며칠 더 기다릴 수밖에 없었다. 아르드그리무르 요한손의 고향 도시는 아쿠레이리로 이곳에 극지방법 연구소도 있다. 우리는 아르드그리무르와 비행기 박물관에서 만났는데 그는 수상비행기를 가리켰다. "이걸 탑시다! 저하고 제 연구 이야기를 하고 싶다고 하셨죠. 가장 좋은 방법은 제가 무슨 말을 하는지 직접 두 눈으로 보는 것이죠!" 파울라와 미

오와 한나는 골동품 같은 비행기를 어리둥절하게 바라보고는 단호하게 고개를 저었다. 그런 비행기를 어떻게 타느냐는 눈빛으로. 그러나 프리다는 신이 나서 폴짝 뛰며 아르드그리무르의 뒤를 따라 비행기에 올랐다. 옌스와 나도 비행기의 가죽 좌석에 올라앉아 청력 보호 헤드셋을 착용했다. 작은 비행기는 이내 이륙했다.

아이슬란드는 얼음과 불의 섬이다. 아르드그리무르가 은퇴했음에도 여전히 조종간을 손에서 놓지 않는 이유는 국토의 정확히 10퍼센트에 해당하는 얼음으로 덮인 면적을 놓고 전 세계의 과학자들

1 프리다와 한나가 조그만 어촌 아르나르스타피를 배경으로 찍은 사진.
2 파울라는 아이슬란드 말의 등에 올라 무척 행복해했다.

2

과 씨름을 벌이기 때문이다. 아이슬란드 남동쪽의 바트나이외퀴들은 북극과 그린란드 빙상에 이어 지구상에서 세 번째로 큰 얼음의 땅이다. 그리고 바로 이 거대한 얼음은 기후의 변화에 민감하게 반응한다. 빙산은 겨울에 눈 형태의 강우량으로 몸집을 불리며, 여름에는 덩치를 줄인다. 그러나 전 세계 대부분의 빙산과 마찬가지로 바트나이외퀴들 역시 꾸준히 녹아내리고 있다. 빙산의 이런 손실은 정말이지 심각한 문제다. 지구 물리학자들은 화산을 덮은 얼음이 줄어들면서 '마그마꿈Magma chamber'을 누르는 압력이 떨어지는 것을 밝혀냈다. 얼음에 갈라진 틈이라도 생기면 마그마는 그만큼 표면으로 분출할 위험이 커진다. 화산학자들은 역사적인 기온 상승

과 해빙이 일어날 때마다 두드러질 정도로 화산 활동이 활발히 뒤따른다고 확인해준다. 아이슬란드의 용암도 같은 사실을 웅변한다. 마지막 빙하기가 끝나갈 무렵 섬에서 화산 활동은 30배에서 50배가 늘어났기 때문이다. 통념처럼 화산 활동이 기후에 영향을 미치는 것만이 아니다. 오히려 기후변화가 화산 활동을 더욱 자극하기도 한다. 계산에 기초한 예측은 바트나이외퀴들이 2060년에 이르면 그 얼음 질량의 1/4을 잃을 것으로 추정한다.

빠른 해빙으로 촉발된 화산 폭발이 어떤 폐해를 입히는지는 2010년 에이야프야틀라이외퀴들에서 분출된 화산재가 유럽 전역의 항공교통을 마비시킨 사례가 잘 보여준다. 하늘을 뒤덮은 화산재, 미네랄, 흑요석이 제트기류를 타고 퍼지면서 유럽의 공항들은 폐쇄되고 말았다. 바로 그런 이유로 연

1　레이캬비크 교외의 목가적인 풍경.

구자들은 주기적으로 공중에서 빙산이 어떻게 변화하는지, 화산 활동은 어디서 일어나는지 관찰한다. 이 일은 조종사 자격증을 가졌다고 해서 누구나 할 수 있는 것이 아니다. 아르드그리무르는 이 일을 감당하기에 충분한 경험을 가진 노련한 조종사다. 그리고 무엇보다도 이 일을 자신의 사명으로 여긴다. 그에게 극지방은 자신의 심장이나 다름없기 때문이다. 기후변화를 비롯해 인간이 일으키는 영향 탓에 빚어지는 다양한 환경 변화가 특히 극적인 효과를 일으키는 곳이 바로 아이슬란드다. 새로운 항로가 열리면서 광산개발업체는 저마다 대박을 꿈꾼다. 이미 많은 나라가 파이의 한 조각을 차지하려 암투를 벌이는 탓에 땅과 바다의 소유권을 놓고 무수한 갈등이 빚어진다.

이런 다툼에서 원주민의 법적 권리는 어떻게 보장해줄 것인가 하는 문제는 더욱 심각하기만 하다. 얼음 아래 묻힌 석유와 희귀 광물, 보석 등 천연자원의 주인은 누구인가? 극지방의 천연자원을 채굴해도 좋은지, 한다면 얼마나 할 것인지, 누가 정하는가? 환경법은 원주민의 권리를 국경 다툼과 경제적 이해관계에도 의미 있게 지켜줄 수 있을까? 극지방 법 연구소가 아퀴레이리 대학교와 협력하면서 씨름하는 문제는 하루가 다르게 변모하는 극지방, 특히 기후변화로 심각한 위협을 받는 극지방을 위해 반드시 풀어야만 하는 것이다.

아르드그리무르가 아퀴레이리 항구에 중간 기착을 했던 비행기를 다시 이륙시키자 프리다는 흥에 겨운 나머지 노래를 불렀다. 아르드그리무르는 아이를 "모든 시대를 통틀어 최고의 기내 라디오"로 곁에 잡아두고 싶은 마음이 굴뚝같다고 말했다.

그러나 프리다는 벌써부터 다음 할 일로 들떴다.
"우리가 탈 말은 어디서 빌려요?"

날씨 그리고 기후

2013년 9월 기후변화에 관한 정부간 협의체IPCC는 기후변화의 물리적 근거를 조사한 보고서를 발표했다. 이 보고서는 지구온난화의 원인이 인간의 활동이며, 앞으로도 계속 더워질 것이라는 점에 일말의 의혹도 남기지 않았다. 지구온난화의 가장 주된 원인은 온실가스, 특히 이산화탄소의 증가다. 이산화탄소는 일차적으로 에너지를 얻기 위해 태우는 석유, 가스, 석탄 탓에 생겨난다. 오늘날 공기 가운데 이산화탄소의 비중은 거의 100만 년 이래 최고 수준이다. 바꿔 말하면 인류가 지구에 살기 시작한 이래 최고 수준이다. 온난화를 논의할 때마다 등장하는 다른 가설들은 과학적 근거가 희박하다.

이산화탄소와 기온 사이의 연관성이 알려진 것은 100년이 조금 넘는다. 이산화탄소와 같은 온실가스는 온실효과를 높여 지표면의 온도를 끌어올린다. 물론 이산화탄소만이 아니라 수증기와 메탄과 같은 미량 가스가 복합적으로 작용해 지표면을 점점 따뜻하게 만든다. 노벨화학상을 받은 스웨덴의 화학자 스반테 아레니우스Svante Arrhenius는 1896년 〈공기 가운데 탄소가 지표면 온도에 미치는 영향〉이라는 논문을 발표해 공기 가운데 이산화탄소가 늘어나는 경우 지표면에 측정 가능한 온난화가 일어날 것으로 예측했다. 이 연구를 위해 아레니우스는 기후변화의 바탕을 이루는 물리학 법칙을 이용했다. 그는 산업화가 시작된 이래 이산화탄소의 비중은 1/3이 더 높아졌기 때문에 확연한 지구온난화가 일어날 수밖에 없다고 보았다. 그리고 정확히 이런 일이 일어났다.

물론 지구의 기온은 20세기에 이산화탄소가 배출된 것에 상응해서 그만큼 올라가지는 않았다. 기온은 장기적인 상승 외에 매달, 매년 그리고 심지어 십 년마다 그 상승의 정도가 달랐다. 기후 체계는 내외에서 다양한 영향을 받는다. 변화의 추이가 규칙적이지 않은 이유는 이런 다양한 요인 탓이다. 기후변화의 추이가 일관된 모습을 보일 수는 없다. 장기적인 추세 외에도 다양한 단기적인 요인이 겹치기 때문이다. 햇빛이 비치는 정도도 그때그때 달라지며, 화산도 폭발하는 등 기후변화에 작용하는 요소는 다양하기만 하다. 이 모든 요소는 저마다 기후변화에 자신의 흔적을 남긴다. 이런 흔적은 기후 모델로 잘 추적할 수 있다. 물론 대기권의 온실가스, 무엇보다도 이산화탄소의 비중이 높아지지 않는다면, 지표면과 가까운 공기층의 온난화는 모델로 추적할 수 없다. 그밖에도 20킬로미터 상공의 높은 공기층은 땅과 가까운 공기층과 극단적인 대비를 이루어 매우 차갑다. 이런 대비는 오로지 이산화탄소를 비롯한 다른 온실가스가 대기 중에서 비중이 높아진 것으로만 설명될 수 있다. 햇빛은 모든 공기층에 영향을 주기 때문에 변화를 설명할 수 있는 요인이 아니다.

그러나 기후는 외적 요인이 없어도 혼란스러운 내적인 역동성 탓에도 변한다. "기후는 우리가 기대하는 것이며, 날씨는 우리가 얻는 것이다." 기후 연구자들이 흔히 하는 이 말은 대기권에서 일어나는 현상을 매우 잘 알고서 하는 말로, 날씨와 기후의 차이가 가진 핵심을 담아낸다. 기후 연구는 날씨 변화의 전체에 관심을 가질 뿐, 개별적 현상은 주목하지 않는다. 그만큼 전체 맥락에서 본 기후와 여러 내적인 요인으로 변화무쌍한 날씨 사이에는 큰 차이가 있다. 물론 그럼에도 날씨를 이해하고 기후 모델로 현실과 가깝게 시뮬레이션 하는 일은 기후 연구의 중요한 부분이다.

날씨와 기후의 근본적인 차이는 각각의 예측 가능성에 고스란히 반영된다. 이를테면 주사위 놀이를 생각해보자. 기후 연구자는 주사위를 던져 나오는 숫자가 아니라, 던질 때마다 숫자가 나올 확률에 관심을 가진다. 모든 숫자의 확률은 똑같이 1/6이다. 다시 말해서 주사위를 많이 던질수록 각 숫자는 거의 비슷하게 나온다. 그러나 주사위를 던져 숫자가 나오는 순서는 전혀 예측할 수 없다. 이 순서는 완전한 우연이다. 주사위를 '6'이 더 잘 나오게끔 조작해도 사정은 마찬가지다. 우리는 '6'이 다른 숫자보다 더 자주 나올 거라고 알고는 있다. 그러나 주사위를 던지면서 '6'이 반드시 나온다는 장담은 누구도 할 수 없다. 주사위 던지기는 개별적인 날씨 예보와 마찬가지다. 특정한 숫자가 나올 경우를 두고 확률만 이야기할 수 있는 것처럼 기후 변수도 마찬가지다.

독일에서 몇 번 혹한이 찾아왔다고 해서 이를 가지고 기후변화의 추세에 적용하는 것은 이처럼 아무 의미가 없다. '6'이 잘 나오게 조작한 주사위에서 '1'이나 '2'가 몇 번 등장했다고 해서 주사위가 조작되지 않았다고 말할 수 없는 것과 마찬가지 이치다. 다만 우리는 조작을 확인하고 싶다면 충분할 정도로 자주 던지거나 매우 오랫동안 측정해야만 한다. 특히 (날씨) 주사위가 가볍게 조작되어 있다면 이런 확인 과정은 더욱 필수적이다. 20세기 초 이후 지구온난화는 전 세계적으로 평균을 낼 때 섭씨 1도에 채 못 미친다. 섭씨 1도 정도 기온이 오른 것은 물론 자연적으로 더워지는 것보다는 높은 수치이기는 하지만, 그래도 날씨의 흐름을 완전히 뒤죽박죽으로 만들 정도는 아니다.

그럼에도 지구온난화의 영향으로 독일은 지난 10년 동안 이상하게 높은 기온을 기록하는 날을 자주 겪었다. 말하자면 조작된 주사위에서 '6'이 자주 나오는 것과 같은 현상이다. 그렇다고 해서 기온이 낮은 날이 전혀 없지는 않았다. 앞으로도 기온이 낮은 날은 계속해서 나타날 것이다. 다만 기온이 낮은 날이 나타날 확률은 확연히 줄어들었으며, 향후 10년 단위로 미래를 전망할 때 더욱 드물어질 게 분명하다. 조작된 주사위의 예는 몇몇 극단적인 날씨가 생겨나는 원인을 인간의 영향이라고 결론 짓는 것이 허용되지 않는 이유도 설명해준다. 혹한의 겨울이 인간의 영향 탓이라고 볼 확실한 증거가 없는 것처럼, 폭염이 나타난다고 해서 반드시 지구온난화 탓이라고 단정 지을 수는 없는 노릇이다. 이처럼 기후 연구는 확률만 가지고 이야기할 수 있을 따름이다. 다시 말해서 절대적으로 들어맞는 예보란 원칙적으로 있을 수 없다.

무턱대고 공포에 사로잡힐 이유도, 그렇다고 아무것도 아니라고 애써 외면할 까닭도 없다. 지구온난화는 이미 자료로 증명된 문제이며, 그 주된 책임이 인간에게 있다는 사실은 벌써부터 폭로되었다. 그러나 기후변화는 수십 년이라는 세월을 두고 완만하게 진행되는 것이다. 이런 변화를 충분히 관찰할 정도로 인간의 수명은 길지 않다. 바로 그래서 문제를 정확히 직시하는 일은 어렵다. 무엇보다도 우리는 장기적으로 생각하고 행동해야만 한다. 그밖에도 지구라는 생태계는 너무 복잡해서 그 전모를 세세하게 계산할 수 없다.

그러나 어떤 식으로든 우리는 지구라는 이름의 별을 가지고 거대한 실험을 할 수 있어야만 한다. 이 실험이 어떻게 이뤄져야 하는지 정확히 말할 수 있는 사람은 아무도 없다. 하지만 그렇다고 해서 기후를 보호할 대책은 결코 포기되어서는 안 된다. 우리는 도자기를 포장한 상자를 다루듯 신중해야만 한다. 예를 들어 남극에 오존홀이 생겨나리라고 예측한 과학자는 아무도 없다. 그리고 1980년대 초에 현장에서 첫 번째로 오존을 측정하는 일은 처음에 안타깝게도 무슨 그런 헛된 수고를 하느냐는 비난에 시달려야만 했다.

잊지 말아야 한다. 지구는 아직도 우리가 모르는 많은 놀라운 면모를 숨기고 있다. 우리는 안전을 최우선으로 생각하고 행동하면서 지구에 지나치게 큰 부담을 안기지 말아야 한다.

모지프 라티프
Prof. Dr. Mojib Latif

독일 북부의 도시 킬에 있는 게오마르 헬름홀츠 연구소에서 해양 순환과 기후 역동성 및 해양기상학 연구 분야를 이끄는 책임자다. 2015년 독일연방 환경재단(DBU)이 수여하는 독일 환경상을 받았다. 환경에 관련한 각종 연구와 사업을 기획하고 자원하는 이 재단은 '기후연구와 기후변화'라는 주제를 대중이 알기 쉽게 풀어준 소통의 공로가 크다고 보고 이 상을 수여했다.

우리가 좋아하는 비밀스러운 호수. 노르웨이의 늪지대.

라플란드

빨간 소방차로 누빈 순록의 왕국

소방차를 개조한 버스를 타고 우리는 달팽이처럼 느리기는 했어도 숙식을 스스로 해결했다.

라플란드

 면적 47만 5,334km^2

 인구 19만 4,000명

 출생률 공식 발표 없음.

 인구밀도 0.41(주민 수/km^2)

 1인당 이산화탄소 배출량 공식 발표 없음.

대서양

로포텐

아비스코 ● 키루나

라플란드

요크모크

북극권
66° 33′ 55″ N

뷔셰

게이랑게르 피오르

노르웨이

핀란드

오슬로

스톡홀름

투르쿠 다도해

스웨덴

발트해

100 km

N

우리는 투르쿠 다도해로 핀란드 친구들을 찾아갔다.

헬리콥터의 프로펠러가 맑은 공기를 가른다. 옌스는 자신의 카메라 장비들을 챙겨 헬리콥터로 뛰어가 닐라 잉아Nila Inga 옆에 올라탔다. 우리는 스웨덴의 거친 산악 지방에서 사미족*이 순록 무리를 키우며 순록 새끼에게 낙인을 찍어주는 여름 진영인 라에바스 지역을 찾아가기 위해 넉 주를 기다려야만 했다. 드디어 여행을 시작한다고 생각하니 초조했다. 날씨가 허락해주지 않는다면 여행을 무기한 연기해야만 한다. 헬리콥터는 우리의 유일한 기회다. 그리고 이곳까지 찾아오는 길은 생각보다 멀기만 했다.

* Sámi people, 노르웨이, 스웨덴, 핀란드, 러시아 북서부에 사는 원주민을 이르는 명칭이다. 라프족(Lapps)이라 부르기도 한다.

1

2012년 6월 21일 목요일, 한여름, 뷔셰

그냥 모든 것이 간단하게 척척 맞아떨어지는 날들이 있다. 오늘이 그런 날이다. 해가 푸른 하늘에서 빛나며, 뷔셰의 마을 광장에서는 꽃 장식으로 꾸민 스웨덴 여인들이 광장 한가운데 세운 높다란 나무 기둥을 중심으로 춤을 춘다. 사람들은 이 나무를 '한여름 나무'라 부른다. 가족들은 삼삼오오 모여앉아 피크닉 바구니에 담아 온 음식을 즐긴다. 동네 술집의 기분 좋은 주인은 우리에게 이날의 첫 맥주라며 시음을 할 수 있게 해준다. 우리는 사미족이 순록을 키우는 모습을 보기 위해 라플란드로 가는 길이다. 앞으로 족히 600킬로미터는 가야만 한다. 중간에서 한눈팔 겨를이 없다. 그러나 그냥 지나치기에 스웨덴은 너무 아름답다. 라플란드로 가는 길에 우리는 도저히 그냥 지나갈 수 없는 곳이면 소방 버스를 멈추었다. 물론 장소 선택은 순전히 우연에 따랐다.

이번에 멈춘 곳은 스웨덴 중부의 어느 마을이다. 마을 광장에서 쉬는 동안 옌스는 버스 지붕 위에 올라가 있다가 저기 좀 보라며 우리에게 바다를 가리켰다. 한여름을 즐기기에 발트해의 작은 섬 바팅겐만큼 좋은 곳은 따로 없다. 우리는 곧장 행동에 옮겼다. 우리는 카누에 텐트와 야영용 매트, 침낭, 식량을 싣고 섬으로 향했다. 섬에서는 어떤 가족이 그릴 파티를 한창 즐기고 있었다. 조심스레 가족에게 다가간 우리는 텐트 치기에 마땅한 곳이 있는지 물었다. 클라스 예란은 굽던 고기를 가족에게 넘기고 앞장서서 우리를 안내해 울창한 숲을 가로질러 해변의 빈터로 데리고 갔다. 빛이 잘 드는 이 해변은 사유지다. 우리는 이런 행운을 누릴 수 있어 너무 좋은 나머지 사흘을 그곳에서 지냈다. 낚시를 하고 주변을 산책하며 이따금 클라스네 가족을 방문했다. 한밤중에 모닥불을 피워놓고 이른 새벽이 될 때까지 기다렸다가 보트를 타고 아침 해가 그려내는 색의 향연을 즐겼다. 바다의 파란 물과 해가 연출하는 분홍빛이 어우러지며 장관이 펼쳐지곤 했다. 파울라와 미오와 한나와 프리다는 올여름을 이곳에서 보내자며 성화를 부렸다. 그러나 아직 갈 길이 멀기만 하다. 늦어서 순록이 모두 산으로 돌아간 뒤에 도착하면 이 여행이 무슨 소용이랴?

2012년 6월 28일 목요일, 요크모크, 스웨덴 북부 노르보텐주

우리는 정치인 헨리크 블린드Henrik Blind와 만났다. 말 그대로 사미 공동체를 대변하기 위해 동분서주하는 정치인이다. 헨리크는 요크모크 철광산의 대표이사가 추진하는 광산개발 계획에 자신의 프로젝트 'whatlocalpeople.se'로 대응한다. 대표이사는 광산개발 계획을 프레젠테이션 하면서 광활한, 인간의 모습이라고는 찾아볼 수 없는 풍경 사진을 보여주었다. 대표이사는 현지의 원주민이 계획을 어떻게 여기느냐는 질문을 받고 사진을 가리키며 이렇게 반문했다. "무슨 원주민이요?" 헨리크와 지역의 사미족에게 이런 태도는 더없는 모욕이다. 사미족의 선조는 이미 2000년 전에 이 지역에서 사냥꾼과 어부로 살았다.

1 화환을 머리에 쓰고 한여름을 즐기는 미오. 생크림을 바른 딸기 맛에 흠뻑 빠졌다.
2 스웨덴의 여름밤은 길고 꿈처럼 아름답다. 물론 모기장을 가져야 이런 광경은 즐길 수 있다.

2

1 파울라와 옌스는 여덟 시간 동안 노르웨이의 게이랑게르 피
  오르에서 카누의 노를 저었다. 기회가 생길 때마다 우리는 카
  누를 띄웠다.
2 진들딸기를 따는 한나와 프리다. 하루 종일 우리는 노르웨이
  의 숲과 늪지대를 누비며, 버섯과 열매를 배불리 먹었다.
3 스웨덴 동부 해안에서 발견한 갈매기 새끼.

4

4 옌스는 산상에서 사미 마을을 조망할 수 있게 알레스야우레 지역의 산에 올랐다.
5 스웨덴의 거친 고지대에 고운 꽃이 기적처럼 피어났다.
6 파울라와 미오는 피를 빠는 벌레 탓에 아예 온몸을 감쌌다.

5

6

오늘날 약 7만여 명인 사미족은 유럽의 가장 오래된 원주민으로 노르웨이, 스웨덴, 핀란드 그리고 러시아 등지에 흩어져 생활한다. 이들은 일곱 명 가운데 한 명꼴로 순록을 사육한다. 스웨덴에 사는 2만여 명의 사미족 가운데 2,500명은 51개의 사미족 마을에서 한 곳을 사미족이 순록을 키우고 사냥과 고기잡이를 할 수 있는 자치지역으로 선포했다. 동시에 사미 마을들은 경제와 행정의 자치권을 행사한다. 우리는 올여름에 이 마을 가운데 한 곳으로 여행하고 싶었다. 우리를 북쪽의 라플란드까지 이끈 물음은 이런 것이다. 기후변화는 문화의 존재를 위협할까?

2012년 6월 29일 금요일, 요크모크

느긋하게 손을 바지 호주머니에 넣은 사람이 우

1

리를 맞이했다. 추운 날씨에도 그는 앞창이 달린 모자를 꼿꼿이 썼다. 30대 초반의 칼 요한 웃시Carl Johan Utsi는 시르가스Sirgas 사미 공동체의 순록 사육사이자 사진작가다. 그는 우리를 기꺼이 산상으로 안내하겠다고 했지만, 언제 출발할지는 알 수 없다고 말했다. 눈이 너무 많이 내려 지금은 갈 수 없다고 했다. "순록을 이끌고 다음 행선지를 어디로 정할지는 날씨에 달렸죠. 물론 최근 10년 동안 우리는 예전과는 다른 방식으로 일합니다. 특히 겨울이 어렵죠." 이상할 정도로 더운 겨울이 지속되면서 눈에 이어 비가 내리다 보니 바닥은 곧바로 얼어붙어 얼음판이 되어버린다. 이런 겨울을 순록은 이겨낼 수가 없다. "순록이 먹을 만한 풀을 찾을 수가 없습니다. 반대로 봄과 여름은 너무 추워서 산에 자란 풀이 충분한 영양소를 키우지 못하고요." 순록 암컷은 새끼에게 젖을 배불리 먹이지 못한다. 아주 고약한 일이다. 적어도 순록을 키우는 사람에게 이런 기후는 참혹하다. 너무 많은 눈에 많은 새끼들이 죽어나간다.

"사미는 언제나 변화를 견뎌왔죠. 기후변화도 마찬가지입니다. 마지막 빙하기와 오늘을 비교하면 기후는 전혀 다릅니다. 물론 옛날에도 고약한 날씨는 있었죠. 그러나 그때 사람과 동물은 다른 곳을 찾아 옮겨 다니면 되었죠. 그러나 오늘날엔 그럴 수 없습니다." 사미족의 거주 지역인 '사프미Sápmi'는 국경과 광산개발 계획과 수력발전소로 갈가리 찢겨 있다. "순록을 키우며 이동하던 경로는 수력발전소 때문에 호수가 더는 얼지 않아 이용할 수가 없습니다. 몇 년 전부터 이용하던 대안 경로에서는 2009년 엄청난 비극적 사건이 일어나고 말았죠.

호수가 충분히 얼어붙지 않은 것을 저희는 몰랐어요. 순록 떼는 평소 익숙한 대로 얼음 위를 건너다가 얼음이 깨져 빠지고 말았죠. 3,000마리 가운데 300마리를 잃었습니다. 이제 우리는 순록을 화물차로 옮깁니다. 한 대에 200마리씩 태우죠. 문제는 이런 식의 수송 탓에 동물의 방향감각이 바뀐다는 것이죠. 순록을 다루기가 갈수록 어려워지는 이유입니다. 그리고 수송비가 엄청 비싸요."

칼 요한은 문제의 핵심을 이렇게 정리했다. 물론 기후와 환경의 변화도 끊이지 않았다. 그러나 순록을 키우는 사미족이 이런 변화에 경제적으로나 생태적으로 의미 있게 반응할 여지는 거의 없다. 예측할 수 없는 날씨가 유일한 원인은 분명 아니다. 그러나 칼 요한과 그의 공동체에게 변화는 감당하기 벅찬 것이다. 그럼에도 그는 사미족보다는 석유에 의

존하는 우리의 문명을 더 걱정한다. "전기와 같은 서구 문명의 편리함이 없다면 여러분은 우리보다 더 살기 힘들어질걸요."

2012년 6월 30일, 키루나

굼벵이처럼 느리기는 했지만 우리 버스는 꾸준히 북쪽으로 올라갔다. 광산 도시 키루나에 도착했을 때 비가 억수로 퍼부었다. 세계 최대의 철광석 광산의 전경은 사이언스픽션 영화를 보는 것처럼 초현실적인 위용을 자랑한다. 이곳 주민 1만 8,000명은 이 천연자원에 생존을 걸어야만 한다.

1 이끼 식물의 세계는 매일 우리를 새롭게 놀라게 한다.
2 아비스코 자연공원의 가족 등반. 여름이지만 겨울처럼 느껴진다.

2

1

1 아침식사로 먹을 블루베리와 산딸기는 이내 파울라의 전설적
  인 팬케이크로 변신했다.
2 낚시는 미오가 조용해지는 가장 아름다운 방법이다.
3 불이 없으면 아침식사도 없다. 노르웨이에서 하루에 가장 먼
  저 할 일은 땔감을 모으는 것이다. 불 피우는 곳은 우리 가족
  이 만나는 본부다. 이곳에서 모아온 먹을거리를 요리했다.

2

3

4

4 로포텐의 해변은 마치 카리브해에 온 것만 같은 느낌을 준다.
  물론 기온만 빼고.
5 스웨덴 요크모크의 감라 잡화상에 걸린 공예품.

6 로포텐은 어촌으로 유명하다. 험준한 암벽에 둘러싸인 작은
  마을 누스피오르는 노르웨이 전체에서 옛 모습을 가장 잘 보
  존한 곳이다. 우리는 마치 다른 시대에 온 것처럼 느꼈다.

5

6

구름과 태양이 알레스야우레에 극적인 장면을 연출했다.

원하든 아니든. 미오는 10분마다 갱도 입구를 빠져나와 풍경을 구불구불 달리는 열차의 모습을 눈을 반짝이며 바라보았다. 화물차는 저마다 천연자원을 그득 담았다. 우리는 칼 요한이 추천해준 대로 이곳을 찾았다. 사미족의 어떤 젊은 남자는 광산 개발을 반대하는 목소리를 드높여 이곳에서 명성이 자자하다. 닐라 잉아는 자신의 사무실에서 우리를 맞이했다. 그의 목소리는 차분하지만, 설득력을 자랑했다.

"광산은 우리 사미 공동체의 생존을 위협합니다. 나는 이런 위협을 두고 보지 않을 겁니다! 광산 개발은 순록 2만 마리를 키울 목초지를 파괴합니다."

우리는 광산 개발의 강력한 로비에 맞서 싸우는 청년에게 깊은 인상을 받았다. "공동체와 이미 이야기를 나누었습니다. 여러분을 산으로 데리고 가죠. 그러나 언제 출발할 수 있을지는 말할 수 없군요. 아비스코 자연공원을 구경하며 기다리고 계시죠."

1

2012년 7월 5일 목요일, 스웨덴 북부 트롤스완

다행히 우리 아이들은 밝은 색으로 빛나는 옷을 입어 광활한 산악지대에서도 어디 있는지 눈에 잘 띄었다. 구름이 낮게 깔렸다. 한여름이지만 나는 장갑을 끼고 목도리를 했으며 모자를 썼다. 뜨거운 차를 담은 보온병까지 그야말로 중무장을 했다. 미오와 한나는 곳곳에서 흐르는 계곡 물을 뛰어넘고 암벽을 타고 오르며 쌍안경으로 순록을 찾았다. 귓전을 때리는 바람으로 얼굴이 얼어붙은 것처럼 얼얼하다. 우리는 바위아래 안전한 곳을 찾아 준비해온 도시락을 먹었다. 스웨덴의 유명한 빵폴라르브뢰드Polarbröd에 튜브에서 짠 치즈를 발라 먹고 비스킷과 사과도나누었다.

눈이 내리기 시작했다. 탐스러운 눈송이가 하늘에서 떨어져 내린다. 아이들은 놀라 입을 다물 줄 몰랐다. "벌써 여름방학이 끝나고 겨울방학이 시작된 거야?" 한나가 물었다. 아이들은 한여름에 쏟아지는 함박눈을 보며 좋아 어쩔 줄 몰랐다. 그러나 엔스와 나는 눈 때문에 순록 새끼에게 낙인을 찍어주는 일은 다시 미뤄졌을 거라고 생각했다.

1 기후변화 외에 광산 개발은 순록 사육의 최대 위협이다. 순록 방목장에 광산을 금지하라, 원주민의 권리를 존중하라 요구하는 지역민의 목소리.

사미족 마을 알레스야우레.

2012년 7월 6일 금요일,
아비스코 과학 연구 스테이션의 기후 영향 연구 센터,
북극권에서 북쪽으로 200킬로미터 떨어진 지점

"세계적인 평균으로 온난화가 섭씨 2도에서 3도까지 오를 것으로 예상된다면, 이는 극지방의 기운이 섭씨 5도에서 7도까지 오른다는 것을 뜻하죠. 그러나 이곳의 기온 변화는 전 세계적으로 영향을 미칩니다." 아비스코의 기후 영향 연구 센터Climate Impacts Research Centre에 소속된 벨기에 여성 과학자 앤 밀바우Ann Milbau가 글자 그대로 문제를 뿌리서부터 풀어준다. 그녀는 극지방 식물이 기후변화에 어떻게 반응하는지 알아내고자 잔뿌리의 생태를 연구한다. "대부분의 생태계에서 생물군의 90퍼센트는 지하에 서식합니다. 우리는 이 지하의 부분에 관심을 가지죠."

북극에서 뿌리의 생장은 지금까지 영구동토 또는 토양의 부족한 영양분으로 제약되어 있었다. 앤과 그녀의 동료들은 따뜻해진 기온에 뿌리가 어떻게 반응하는지, 토양에 축적된 탄소는 온난화에 무슨 영향을 받는지 연구한다. 우리 눈으로 직접 확인할 수 없는 변화지만, 영구동토가 녹는 것은 우리 같은 문외한에게도 분명한 사실이다. 전 세계 육지의 1/4이 영구동토에 해당한다. 북극지방에서는 해마다 토양이 눈으로 덮이는 시기가 줄어든다. 그와 동시에 토양이 받아들이는 열에너지는 올라간다. "20년 전만 해도 지속적으로 얼어붙은 토양이 나무들로 덮이고, 늪지대를 이루던 곳은 이제 호수로 변했죠. 나무껍질들은 가라앉아버렸습니다. 이런 식으로 전체 생태계가 바뀌고 말았죠." 앤이 설명했다. 문제는 그동안 영구동토에 저장된 탄소와 메탄

가스가 공기로 배출된다는 점이다. 탄소와 메탄은 이산화탄소보다 25배는 더 강하게 작용하는 온실가스다. 독일에서 탄소와 메탄은 주로 농업과 대량 가축 사육으로 생겨난다. 본래 토양은 오로지 여름철에만 표면이 녹았다. 그러나 지금은 녹는 기간이 길어지면서 미생물체가 유기물질인 메탄과 이산화탄소를 배출시킨다. 녹아 있는 기간이 길어질수록 그만큼 온실가스가 더 많이 배출된다.

"어려운 점은 인간이 지구의 평균 기온이 매우 느리게만 올라간다고 지각한다는 점입니다. 더욱이 많은 지역에서 생태계 전체를 불안정하게 만드는 극단적인 기상이변이 너무 자주 일어납니다." 앤의 설명이다. 우리는 앤에게 피해를 최소화할 수 있는 방법이 무엇인지 물었다. 그녀는 신중하게 말을 골랐다. "소비 행태를 철저히 바꾸도록 실천해야만 합니다. 그래야 변화를 견딜 만한 수준으로 잡아둘 수 있죠."

2012년 7월 19일 목요일, 사미 마을 알레스야우레

마침내 기다렸던 닐라의 전화가 왔다. 닐라가 엔스에게 헬리콥터에 마지막으로 남은 자리를 주자 엔스는 곧장 마을로 날아갔다. 이제 날씨만 보조를 맞춰주면 된다. 비가 너무 많이 내리거나 시야가 확보되지 않는 상황이면 계획은 포기할 수밖에 없다. 닐라와 사미족 사람들 얼굴에 긴장이 역력하다. 산에서 울타리를 두른 사육장으로 순록들을 몰아야 하는 헬리콥터가 대기 위치를 잡았다. 며칠 전부터 몇몇 남자들이 산에서 순록 무리를 지켜보며 그 뒤를 따랐다. 닐라는 위성전화로 산 위의 남자들과 연락을 주고받았다.

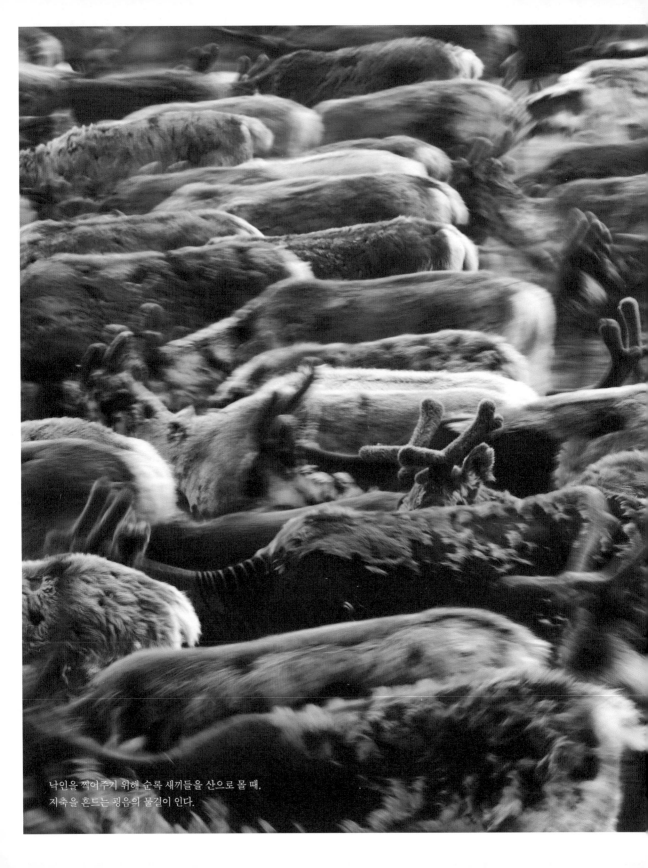

낙인을 찍어주기 위해 순록 새끼들을 산으로 몰 때,
지축을 흔드는 굉음의 물결이 인다.

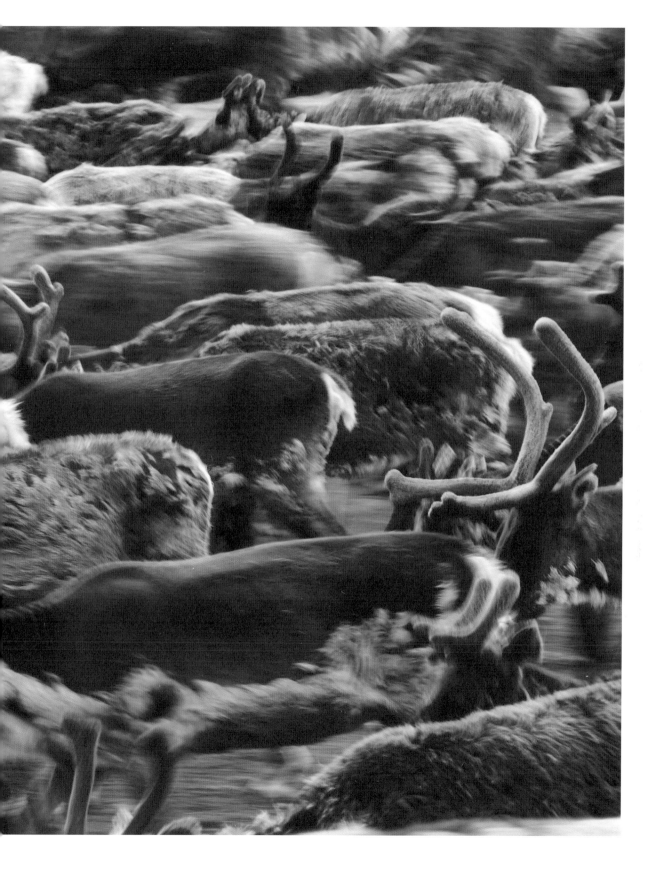

1

1 헬리콥터는 산에 흩어진 동물들을 사육장으로 모으는 데 도움
  이 된다.
2 정확한 때를 위한 인고의 기다림. 순록을 산에서 데려오기 위
  한 장비는 마련되었지만 날씨가 보조를 맞춰줘야만 한다.
3 사육장에서 순록 새끼에게 낙인 찍어주는 작업을 하는 닐라
  잉아.

2

3

4

4 소녀든 소년이든 아이들은 순록 사이를 자신 있고 안전하게
　움직인다.
5 사슴 종 가운데 유일하게 순록은 암컷도 뿔을 가졌다. 그러나
　수컷의 뿔보다는 확연히 작다.

6 모든 가족이 순록 새끼의 귀에서 칼로 잘라낸 고유한 무늬의
　표본을 가지고 있다. 이 표본은 주방 찬장의 서랍에 보관해두
　었다가 아이들에게 순록을 구분하는 법을 익히는 데 쓰인다.

5

6

"순록을 모는 순간을 잘못 잡으면 위험한 상황이 벌어질 수 있죠. 동물이 크게 다칠 수 있거든요. 내일 예보가 좋아요. 그렇지만 장담할 수 있는 건 아무것도 없죠."

라에바스 마을의 사미족은 이 기다리는 시간 동안 서로 더욱 돈독하게 우애를 다진다. 이처럼 온 가족이 한자리에 모이기는 쉽지 않기 때문이다. 갓난아기부터 순록 몰이를 위해 저 멀리 노르웨이에서 찾아온 삼촌까지 모두 모였다. 사미족이 산에서 보내는 여름철은 단결을 다지는 시간이기도 하다. 서로 이야기를 나누고 낚시를 하며 사우나도 즐긴다. 아이들은 순록에게 낙인으로 해주는 무늬가 어느 집안의 것인지 구분하는 법을 배우며, 올가미 던지는 연습도 한다. 어른들은 최근 몇 년간의 날씨 데이터를 꼼꼼하게 살피며 예상할 수 있는 모든 상황에 대비한다. 울타리를 손보고 장비도 손질하며

만반의 준비를 한다. 내일 실제로 청신호가 주어진다면 모든 일은 일사분란하게 이뤄져야만 한다.

2012년 7월 20일 금요일, 사미 마을 알레스야우레

순록 치는 목동은 일을 하려면 환경과 날씨 조건 그리고 동물의 행동 방식을 정확히 알아야만 한다. "이곳에서 우리는 지구상 그 어떤 사람들보다도 먼저 기후변화를 체험합니다. 저 바깥 자연에서 생활하니까요. 우리는 직접 두 눈으로 날씨가 동물과 우리 삶에 어떤 영향을 끼치는지 봅니다." 닐라는 쌍안경을 들고 산 쪽을 살피고는 말을 이었다. "가을은 20년 전보다 훨씬 길어요. 그리고 눈이 봄에 몇 주 더 늦게 녹죠. 이는 곧 그만큼 방목할 기간이 줄어드는 것을 의미합니다. 이곳의 노인들은 여름이든 겨울이든 예전 같지 않다고 말하곤 하죠. 심지어 요즘에는 고산지대에도 나무가 자라고, 동물은 우리가 이곳에서 전혀 본 적이 없던 모기에 시달리죠."

이때 닐라의 위성전화 벨소리가 울렸다. 드디어 시작이다. 엔스는 닐라와 함께 보트를 타고 알레스야우레의 반대편으로 건너갔다. 사육장이 있는 그곳으로 순록들을 몰아야 한다. 남자와 여자는 손에 손을 맞잡고 깔때기 모양의 통로를 이루어 순록이 흩어지지 않고 지나가도록 한다. 허공에서는 순록을 산 아래로 모는 헬리콥터의 날카로운 신호가 울려 퍼진다. 그 뒤를 네 명씩 한 조를 이룬 남자들이 따른다. 무리를 이룬 순록이 파도처럼 사육장 안으로 몰려온다. 뒤처진 몇 마리가 잠깐 주저하다가 이내 무리의 흐름을 따른다. 마지막 놈이 들어서고 울타리 문이 닫히자 닐라가 그토록 오

랜 동안 기다려온 낙인 찍어주는 작업이 본격적으로 시작된다. 사육장 안에서 사람들은 부산하게 움직인다. 서로 외치는 소리가 동물의 흥분한 신음을 뒤덮는다. 닐라가 하는 일은 그야말로 고되기만 하다. 극도로 집중한 그는 땀을 뻘뻘 흘린다. 마지막 새끼까지 인식 작업이 끝나자 오후가 되었다. 순록 무리는 흥분을 가라앉히고 조용해졌다. 그때서야 닐라를 비롯해 사미족 사람들은 긴장을 푼다. 닐라는 이제 다시 힘을 모아 광산 개발에 맞서 싸워야 한다고 다짐한다. 그리고 변화의 속도가 빨라 보조를 맞출 수 없다 하더라도 언젠가는 사미의 스웨덴은 이런 변화에 적응할 길을 찾아낼 거라고 그는 확신한다. 아무튼 그는 오늘 다시금 목표를 확인하며 전의를 다진다.

우리는 계속해서 핀란드의 투르쿠 다도해와 노르웨이 산악 지방의 친구들을 찾아 여행했다. 흐르는 물과 전기가 없으며, 아침마다 불을 피워야 하고 숲에서 진들딸기와 블루베리 그리고 산딸기를 모아야 하는 오두막 생활이었지만 아이들은 깊은 만족감을 느꼈다.

1 요크모크 겨울 시장에는 라플란드 전 지역의 사미족 사람들이 찾아온다. 대개 전통 복장으로 맵시를 뽐낸다.
2 아비스코의 연구 스테이션. 마치 다른 행성에 온 것만 같다.
3 겨울 시장에서 열린 순록 경주. 사람이든 동물이든 모두 즐거워하는 표정이다.

3

북극의 햇빛이 눈이 내린 풍경을 초현실적 광경으로 바꿔놓았다.

문화 상실?
맞아, 그렇기는 하지만……

나는 알프스에서 로키산맥을 거쳐 인도에 이르기까지 물과 에너지와 기후변화가 어떤 영향을 미치는지 하는 문제를 연구해왔다. 문화인류학자로 내가 받는 질문은 이렇다. "문화는 기후변화에 위협받는가?" 내가 고민 끝에 내놓은 답은 이렇다. "맞아, 그렇기는 하지만……." 이 답을 찾아내기 위해 우리는 환경변화에 맞춰 문화를 어떻게 적응시켜야 할 것인가 하는 물음부터 생각해야만 한다.

규칙 1 문화는 변한다. 언제나.

인류학이 내리는 문화의 정의는, 우리 인간이 공동체의 일원으로 배우고 함께 나누는 삶의 모든 측면을 포괄한다. 문화는 인간이 사회를 이루어 지구의 살기 어려운 지역에서도 거주할 수 있게 만든다. 인간은 어디에 자리를 잡고 살든 간에 어려움을 견뎌내는 능력이 탁월하다. 물리적 환경과 사회적 어려움에 맞서 얼마든지 이겨내는 존재가 인간이다. 세계적인 환경 변화의 영향을 무시하려는 게 아니라 나는 이런 변화가 문화를 파괴한다는 비관적인 관점만큼은 피하고 싶다. 기후변화는 심각하게 받아들여야 하는 문제이기는 하지만, 유일한 문제는 아니다. 실제로 많은 과학자들은 기후변화가 기존의 많은 문제를 증폭하기는 하지만, 별도로 다뤄야 할 사안이라고 보지는 않는다. 현재 작은 섬나라 투발루와 극지방의 시슈머레프 같은 마을은 해수면 상승과 침식으로 땅과 식수를 잃어가고 있다. 실제로 일어나고 있는 이런 사건은 매우 충격적이다. 인간은 자신의 생활 방식과 예로부터 지켜온 전통을 바꾸거나, 심지어 생활 터전을 버리고 다른 살 곳을 찾아 떠나도록 압박을 받는다. 그러나 우리 인간은 변화를 그저 견뎌내는 데 그치지 않고 문화로 끊임없이 새로운 세상을 창조해가며 변화에 반응한다.

규칙 2 문화는 타고나거나 개인적인 것이 아니다.

인간은 언제나 복잡하게 이뤄진 사회와 생태 체계의 일부분이다. 문화는 인간이라는 종이 가진 근본적인 적응 능력을 유감없이 보여준다. 문화는 오랜 세월에 걸쳐 세대들을 묶어주는 역할을 하면서도, 다른 한편으로는 변화한 조건에 반응할 유연성을 자랑한다. 이런 적응 능력이야말로 인간이 지구 곳곳에 고루 분포되어 생활할 수 있게 만들어준다. 1만 년 전만 하더라도 인간은 수렵과 채집을 하며 계절과 지리의 차이에 적응해 살았다. 단기적인 날씨 변화는 물론이고 장기적인 기후의 편차도 인간은 너끈히 감당해왔다. 문화는 환경문제를 감당해나가는 인간의 강력한 도구다. 다시 말해서 기후변화에 적응한다는 것은 이에 필요한 문화적 적응을 요구하는 문제. 어떻게 해야 기후변화에 맞춘 문화를 일굴 수 있을까? 우리는 바로 이 물음에 주목해야 한다.

규칙 3 문화는 학습과 공유의 대상이다.

문화는 여러 세대를 거치면서도 공통의 정체성을 자랑하는 인간 공동체로 이뤄진다. 이런 정체성 또는 특정 풍습이 사라진다면? 그린란드 이누이트의 전통적인 생활 방식은 개 썰매로 바다의 단단한 빙하 위를 달리며 사냥한 것으로 인간과 개에게 필요한 자양분을 확보하는 것이었다. 지금 이런 전략은 분명한 위협을 받고 있다. 그런데 이런 위협이 그린란드 문화의 몰락을 뜻할까? 지난 세기 동안 극지방의 문화는 식민주의와 기독교 선교 탓에 변형되었다. 당시 인류학자들은 이런 영향이 원주민 문화의 몰락을 초래할 것으로 예견했지만, 현실은 정반대 모습을 보여주었다. 극지방 문화는 놀라운 저항력을 과시한다. 원주민과 탐험가의 첫 만남이 흔히 전염병을 퍼트린 반면, 환경 변화가 그처럼 빠르게 파국을 부르는 일은 드물다. 대량학살과 제국주의의 특정 민족 집단 문화 파괴와 같은 악의적인 침략으로 문화가 무너질 수는 있지만, 문화 자체는 거칠고 변화무쌍한 환경 조건에도 버티는 저항력을 자랑한다. 우리 인간은 문화의 정체성을 학습하며 공유할 수 있기 때문이다. 인간이 기후변화로 문화를 잃어버릴까 하는 의문이 든다면, 우리는 또한 문화가 다른 것으로 변모하기 전에 얼마나 많은 변화를 감당할 수 있을까 물어야만 한다.

규칙 4 문화는 우리다 ─ 우리 모두가 문화다.

인류학에서 정의한 문화의 핵심은 인간은 모두가 문화를 가진다는 점이다. 다시 말해서 문화는 인간이라면 누구나 누리는 권리다. 모든 인간은 문화를 누리는 형태가 지극히 다양한 모습을 보일지라도 똑같이 문화를 향유한다. 그럼에도 기후변화의 영향을 걱정하는 대중의 의식은 대개 외딴 지역의 작은 공동체에만 초점을 맞춘다. 생물 종의 다양성만큼이나 최대한 다양한 문화를 보존해야 한다는 말은 맞는 말이다. 그러나 기후변화가 소규모 공동체에만 영향을 미친다는 잘못된 생각에 사로잡혀서는 안 된다. 중요한 것은 대규모의 산업사회가 변화해야만 한다는 점이다. 대규모 산업사회의 변화가 다른 어떤 사회의 변화보다 선행되어야만 한다. 우리 문화의 석유 의존성을 고려한다면, 온실가스를 감축하기 위해서는 우리의 수송 체계와 경제와 난방의 엄청난 변화뿐만 아니라 세상을 대하는 우리의 태도, 곧 사회적 태도와 문화적 태도를 근본적으로 환경 중심으로 바꾸어야 한다는 점은 분명해진다.

규칙 5 모든 문화는 고유한 규칙과 논리를 만들어 이용한다.

외부인에게 어떤 문화가 가지는 믿음과 가치관과 생활 태도를 함부로 정의할 권리는 없다. 지역 사회는 언제나 고유한 가치관을 토대로 행동한다. 어떤 결정이 모두에게 '올바른 것'인지는 누구도 말할 수 없다. 인간은 자신의 고유한 욕구를 해결할 때 영국의 트랜지션 타운 운동 창설자 롭 홉킨스가 '탈세계화' 또는 '재지역화'라 부른 것을 염두에 두어야만 한다.* 일상생활과 맞물려 다양한 문화를 하나로 묶어주는 기후변화의 문제는 무엇보다도 에너지에 있다. 우리는 그동안 화석연료가 글로벌 문화 체계에서 가지는 의미를 너무 소홀히 생각해왔다. 전기요금이 많이 나온 것을 두고 불평하며 대기오염을 걱정하면서도 우리는 재생할 수 없는 에너지, 물 부족, 기후변화 탓에 빚어지는 만성적인 건강 문제를 별로 심각하게 생각하지 않았다. 그러나 기후변화와 맞물린 에너지 과소비, 물의 남용은 정말이지 무서운 야수로 변해 우리 인간을 위협한다.

그러나 기후변화와 같은 도전 과제는 긍정적 힘을 북돋워주기도 한다. 이제 우리는 머리를 맞대고 지속가능한 미래를 위해 행동해야만 한다. 이와 관련한 토론은 인구과잉, 경제적 불공평, 아프리카 아이들의 영양결핍, 숲의 벌목과 같은 문제들을 함께 다루어야 한다. 문화인류학은 아래에서 위로, 동시에 위에서 아래로 보는 관점을 모두 포괄한다. 이렇게 볼 때에만 서구의 과학과 현지에서 봉사하는 프로젝트 참여자의 지역 지식이 결합된다. 지역 문화에서 글로벌 차원으로, 또 글로벌 차원에서 지역 문화로 살피는 관점만이 기후변화를 문화의 변화라는 더 폭넓은 과정의 부분으로 파악할 수 있게 해준다. 문화가 기후변화에 위협받느냐고? 그렇다……. 하지만 기후변화의 위협이 많은 다른 요소보다 더 강한 것은 아니다.

문화는 살아남을 수 있으며, 또 살아남게 될 것이다. 이 말이 역설적으로 들리는 이유는 우리가 문화를 정적인 것으로 보는 잘못된 생각에 너무 쉽게 사로잡히기 때문이다. 아니다. 문화는 역동적으로 쌍방향 소통을 하는 가운데 그 생명력을 얻는다. 문화는 늘 적응하고, 이에 맞추어 변이를 일으키며, 또 많은 경우 멸종하기도 하는 왕성한 역동성을 자랑한다. 바로 그래서 문화는 변화라는 잿더미에서 날아오르는 불사조처럼 놀라운 새로운 힘을 발휘한다.

● Rob Hopkins, 1968년생의 영국 환경운동가다. 2005년 생태적으로 지속가능하고 에너지 자립적인 트랜지션 타운(Transition-Town) 운동을 제창해 국제적인 명성을 얻었다.

사라 스트로스
Prof. Dr. Sarah Strauss

미국 와이오밍 대학교의 인류학 교수다. 주로 에너지, 기후변화 그리고 건강을 연구 주제로 다룬다.
이 기고문은 저자가 다른 자료에 발표했던 것을 토대로 하고 약간 손질한 것이다.
Sarah Strauss, "Are Cultures Endangered by Climate Change? Yes, but…," 〈WIREs Clim Change〉 vol. 3, pp. 371~377.
※ 《WIREs Clim Change》는 미국에서 2009년부터 발행되는 과학 저널 《Wiley Interdisciplinary Reviews(WIREs)》 가운데 기후변화를 다루는 것이다.

남아프리카공화국

식물과 동물의 왕국

아이아이스 리흐터스펠트 트랜스프론티어 국립공원의 코커붐클루프에 자리 잡은 우리 캠프.
이곳에서 우리는 절대적인 고요함을 들었다.

집시 쿠룸포와 그녀의 가족은
우리에게 가든루트를 안내해주었다.

짐바브웨

보츠와나

모잠비크

나미비아

칼리가디
트랜스프론티어
공원

스와질란드

남아프리카공화국

레소토

아이아이스 리흐터스펠트
트랜스프론티어 국립공원

마운틴지브라 국립공원

아도 엘리펀트 국립공원

인도양

케이프타운

대서양

치치캄마 국립공원   오이스터만

아프리카

남아프리카공화국

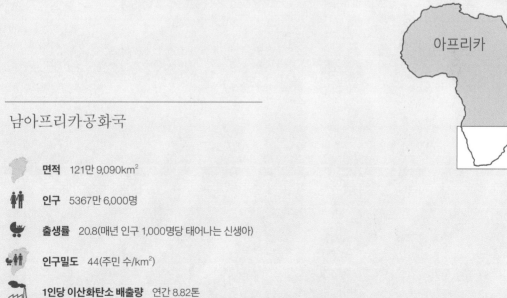

면적 121만 9,090km²

인구 5367만 6,000명

출생률 20.8(매년 인구 1,000명당 태어나는 신생아)

인구밀도 44(주민 수/km²)

1인당 이산화탄소 배출량 연간 8.82톤

N

100 km

아도 엘리펀트 국립공원에서 우리는 아프리카의 커다란 포유류 동물에게 손을 뻗으면 닿을 정도로 가까이 갔다.

차츰 우리는 조바심이 나기 시작했다. 우리를 태우고 온 비행기는 두 시간 전에 착륙했으며, 짐은 우리 앞에 산처럼 쌓였는데 우리를 마중 나오기로 한 친구들 존과 집시는 감감무소식이다. 우리는 지난번에 남아프리카공화국으로 여행 왔을 때 주차장 관리인으로 일하는 존을 알게 되었다. 이번에 우리는 존과 그의 형 제이슨과 그의 네 아이 제크라, 자엘, 제피 그리고 제이드와 함께 일주일 동안 '가든 루트'*를 여행하기로 했다. 마침내 내 휴대폰이 울린다. 그들은 공항으로 오는 길에 자동차가 고장이 나 꼼짝도 못한다고 했다. "그럼 어쩐다?" 우리는 먼저 예약해둔 렌터카를 찾아 그들을 찾아가겠다고 약속했다. 나는 멀리서도 그들을 한눈에 알아보

* Garden Route, 남아프리카공화국 남동부 해안을 이르는 명칭이다. 길이가 300킬로미터에 달한다.

았다. 우리는 도로에서 빠져나와 안전지대에 정차한 다음, 그들에게 달려가 포옹을 했다. 또래 아이들을 만난 한나와 프리다는 신이 났다. 새로 사귄 친구들과 해안도로를 달릴 생각에 아이들은 콧노래를 불렀다.

"웰컴 투 아프리카!" 이 얼마나 달콤한 말인가! 존은 자동차 정비소들에 차례로 전화를 걸었으나 허사였다. 옌스와 나는 어떻게 계획을 수정할까 궁리했다. 우리의 목적지는 칼라하리 그리고 나미비아와의 국경에 가까운 외딴 지역의 리흐터스펠트 국립공원이다. 그 공원에서 볼 수 있는 '알로에 디코토마Aloe dichotoma'는 남아프리카공화국의 상징과도 같은 나무이며 기후변화의 영향을 압축해 보여주는 상징이기도 하다. 존은 특유의 낙천적인 태도를 뽐내며 말했다. "언제나 플랜 B가 있죠. 먼저 출발하세요. 우리는 내일 아침 일찍 따라갈게요." 한나는 새 친구 자엘과 다시 헤어져야 하는 건 말도 안 된다고 뾰로통해졌다. "그냥 텐트를 치고 여기서 같이 있으면 안 돼?" 우리 아이들은 주어진 상황으로 최선을 만들 줄 아는 놀라운 능력을 자랑한다.

고속도로 옆에서 텐트를 치고 야영을 한다니 얼마나 멋진 생각인가. 커다란 나무 한 그루가 시원한 그늘을 만들어주고 먹고 마실 것은 충분하다. 아이들이 놀 곳도 좋다. 이 여행을 하며 옌스와 내가 이런 낙천적 태도를 조금이라도 배울 수 있었으면 좋겠다.

지구의 다른 지역과 마찬가지로 남아프리카공화국에서도 기후변화는 수자원 문제, 식품 안정성, 건강 그리고 생물 종 다양성에 심각한 영향을 미친

다. 거기다 상황을 더욱 어렵게 만드는 것은 극심한 빈곤과 극단적으로 불평등한 자원 분배 문제와 같은 사회경제적인 측면이다. 인간은 누구나 자신이 살아가는 자연 환경에 의존할 수밖에 없다. 자연이 우리에게 매일 제공해주는 것, 이를테면 식품, 식수, 연료, 의약품을 위한 기본 재료, 광합성 같은 자연 과정, 토양 형성, 홍수 조절과 기후 통제 등을 우리는 '생태계 서비스Ecosystem services'라 부른다. 그러나 지구에 인구가 늘어나고 기술이 계속해서 발전할수록 그만큼 더 우리는 지구 표면을 바꾸어 생태계에 영향을 미친다. 빈곤에 시달리는 사람은 이런 영향에 따른 피해를 가장 많이 볼 수밖에 없다. 특히 식량 부족으로 세계 곡물 시장의 가격이 상승하는 것이 빈곤층을 어렵게 만든다. 식수는 모든 인간이 누릴 수 있는 자원이지만 현실은 녹록치 않다. 이처

럼 생태계 전체는 세계에서 가장 많은 식물 종을 자랑하는 남아프리카의 '핀보스Fynbos'처럼 기후변화로 극심한 스트레스를 받는다. 이런 스트레스를 인간도 천천히 실감한다.

우리가 출발하고 사흘이 지나서야 비로소 존과 집시와 제이슨과 아이들이 가든루트에서 합류했다. 가든루트는 모셀베이에서 시작해 포트엘리자베스에서 끝나며, 인도양과 반사막 지대 카루 사이의 독특한 풍광을 품었다. 참으로 안타까운 사실은 지구상의 그 어떤 나라도 이곳 남아프리카공화국만큼

1 케이프반도의 볼더스 비치에서 마주친 아프리카 펭귄.
2 핀보스 생물군계는 지구에서 가장 풍부한 생물 종을 자랑하는 핫스팟이다.
3 아프리카 최남단의 도시 케이프타운을 테이블산에서 내려다본 모습.

3

1

1 칼라하리 사막의 일부분을 포함한 칼라가디 트랜스프론티어
  공원에서 만난 기린.
2 나미비아 남부에 있는 알로에 디코토마 숲의 나무들은 아직
  살아 있다.
3 희망봉에서 만난 타조.

2

3

4

4 미오와 한나와 프리다는 자동차 지붕 위에 설치한 텐트에서
   잠옷 차림으로 아프리카의 동물 세계를 감상했다.

5 일곱 아이와 다섯 어른을 위한 아침식사 준비. 달걀에서 끝나
   지 않는다. 고기 굽는 그릴의 남아프리카 동의어인 브라이는
   대단히 높은 인기를 누린다. 심지어 고속도로 휴게소에도 고
   기 굽는 곳이 마련되어 있다.

6 석양 속의 거물. 아도 엘리펀트 국립공원에는 600마리가 넘는
   아프리카 코끼리가 산다. 많은 것에 적응했음에도 지구의 육
   상 최대 포유류인 코끼리는 물 부족과 갈수록 심해지는 더위
   그리고 인간에게 빼앗긴 삶의 터전과 밀렵으로 위협받는다.

5

6

마운틴지브라 국립공원에서 우리는 아프리카의 야생보호구역을
도보로 답사해도 좋다는, 보기 드문 허락을 받았다.

아도 엘리펀트 국립공원의 버빗원숭이.
이 원숭이 한 마리가 우리 자동차 안에서 편안함을 맛보고는
운전대에 오르지 못하게 방해했다. 그때부터 우리는
남아프리카의 영장류 앞에서 예의를 갖추곤 한다.

가난한 사람과 부자, 흑인과 백인, 현지인과 외부에서 이주해온 사람 사이의 갈등과 격차가 크지 않다는 점이다. 집시가 사람들의 눈빛이 왜 이런지 설명한다. 흑인이 가든루트를 여행한다? "이곳에서는 눈총 맞을 일이죠. 흑인이 이런 곳에서 휴가를 보내는 건 욕을 버는 일이에요." 사흘 동안 우리는 함께 치치캄마 국립공원의 숲을 둘러보았다. 친구들이 케이프타운을 떠난 것은 이번이 처음이다. 이들은 몇 년 전에 피난민으로 콩고에서 탈출해 남아프리카공화국으로 넘어온 뒤로 단 한 번도 케이프타운을 벗어난 적이 없다. 파울라와 나이가 같은 제크라는 숲을 둘러보는 동안 진짜 과학자, 말하자면 우리의 발걸음에 제동을 거는 과학자가 되었다. 발견하는 딱정벌레마다 놀란 입을 다물지 못하고 두 눈을 반짝였다. 망원경으로 나뭇가지마다 살피며, 우리는 못 보고 지나간 동물을 찾아냈다.

'생물다양성'은 지구의 모든 생명체를 아우르는 표현이다. 자연의 동물과 식물은 물론이고 인공적으로 배양된 생물 및 미생물, 균류 그리고 단일 생물 종 내에서도 볼 수 있는 유전자의 다양함 등 이 모든 것을 포괄하는 개념이 생물다양성이다. 왜 생물다양성이 인간의 생활에 없어서는 안 되는지 앤 라사Anne Rasa는 차분하게 설명했다. 행동 연구가 콘라트 로렌츠의 마지막 제자인 앤은 벌써 수십 년째 칼라하리 사막에서 살고 있다. 국립공원의 북쪽 경계에 그녀는 일종의 자연보호구역을 만들어놓았다. 우리는 그녀의 허락을 받아 도보로 이곳의 지형을 돌아볼 수 있었다.

"이곳의 기후는 엄청난 가변성을 자랑해요. 그렇지만 이런 섬세한 생태계는 오로지 특정 변수 안에서만 안정성을 가지고 저항력을 자랑하죠. 이런 변수를 넘어서는 변화, 예를 들어 혹독할 정도로 오랜 가뭄이 일어난다면 그 파괴적 영향은 엄청나죠. 생물다양성과 반대되는 개념은 '단일재배monoculture', 곧 특정 식물이나 동물에만 한정된 상태죠. 안타깝게도 농업의 전 세계적인 경향은 단일재배로 흐르고 있어요. 그럼 어떤 질병이나 곤충만 퍼져도 작물은 심각한 타격을 받죠. 생물다양성은 형형색색의 수많은 작은 돌들이 조화로운 모자이크를 이룬 것과 같아요. 식물과 곤충과 동물은 저마다 자신의 틈새를 정확히 맞추죠.

1

1 남아프리카의 붓꽃. 핀보스 생물군계의 식물 가운데 2/3는 이곳에서만 자라는 희귀종이다. 세계자연보전연맹IUCN의 레드리스트에는 멸종 위기에 처한 이곳의 식물 2,000여 종이 들어 있다.

본테복 국립공원에서 텐트를 치고 우리가 처음으로 맞이한 밤.

1

2

4

1 한나와 새 친구 자엘이 치치캄마의 숲을 둘러보고 있다.
2 오이스터만이 돌연 안개에 휩싸였다. 이런 현상은 차가운 해류가 평소와 다른 뜨거운 공기와 만날 때 생겨난다.
3 자세히 살필수록 핀보스 식물의 독특함은 경이롭기만 하다.
4 치치캄마 국립공원의 나무에 피어난 버섯. 자연이 빚어내는 색과 모양은 정말 경이롭다.

3

5

5 우리는 카누를 빌려 투스강의 풍광을 즐겼다. 수면 위의 고요
함이 너무도 좋았으며, 새들에게 되도록 가까이 가보려 시도
했다.
6 일명 '케이프 알로에'(알로에 페록스 *Aloe ferox*)는 본래 야생
으로 자라던 것으로, 남아프리카에서 대규모로 단일재배되어
지금은 '알로에 베라 *Aloe vera*'이다.
7 투스강에서 민물가마우지 한 마리가 우리 곁으로 미끄러지듯
다가왔다.

6

7

칼라하리에서 마주친 사자와 눈에는 눈으로.

이런 틈새 수를 줄여버린다는 것은 그만큼 살아남을 생물 종이 줄어드는 것과 같아요."

안네는 반사막 지대의 사구로 우리를 안내했다. 그녀는 지팡이로 모래에 남은 작은 자국을 일일이 가리키며 한나와 미오와 프리다에게 어떤 동물이 그 주인인지 알아듣기 쉽게 설명했다. "문제는 인간이 특정 체계만 보고 이에 맞는 상태로 보존하려고 드는 것이죠. 그러나 생태계라는 것은 순환을 하는 커다란 원과 같아요. 끊임없이 변하죠. 중요한 것은 인간이 간섭하지 않고 하나하나의 모자이크 돌이 자기 자리를 지킬 수 있게 해주는 겁니다." 안네의 설명이 계속되었다. "예를 들어 지금과 같은 추세로 꿀벌이 계속 죽는다면 무슨 일이 일어날까요?"

칼라하리 국립공원에서 하루 종일 아프리카의 커다란 포유류 동물을 보며 감탄을 쏟아낸 끝에 옌스와 나는 계속 떠오르는 물음을 떨칠 수가 없었다. 인간이 대체 어디까지 생태계에 부담을 줘도 되는 걸까? 생태계에 의존해 살아갈 수밖에 없는 존재인 인간이 자신의 탐욕으로 이렇게 생태계를 망가뜨려도 되는 걸까? 미오와 한나와 프리다는 텐트 안에서 편안하게 쉰다. 하이에나와 자칼이 텐트에서 멀리 떨어지지 않은 곳에서 배회하며, 먼 곳에서는 맹수가 낮게 깔리는 소리로 울부짖는다. 옌스와 나는 모닥불을 피우고 앉아 이야기를 나누었다. 우리는 여러 생각으로 착잡했다. 아프리카의 동물 세계를 이처럼 지척에서 경험하는 것은 물론 가슴 벅찬 일이다. 그러나 이런 기쁨에는 씁쓸한 뒷맛이 따라 붙었다. 아프리카의 국립공원들은 멸종 위기에 처한 동물이 어설프기는 하지만 그나마 보호를 받는 대륙의 마지막으로 남은 피신처다. 지구과학 연구자들의 국제 팀은 최근 지구가 생물물리학의 관점에서 부담을 견뎌낼 아홉 개의 한계 가운데 네 개를 이미 넘어서버렸다고 확인한 바 있다. 기후변화, 생물 종 다양성, 토지 이용 그리고 생물권의 질소 유입이 그 네 가지 경계다. 이런 경계가 무너짐으로써 지구 전체의 환경은 심각한 몸살을 앓는다. 이런 환경 변화는 국경과 국립공원 울타리를 깨끗이 무시한다. 밤이 늦어지자 칼라하리 사막에도 정적이 내려앉았다. 옌스와 나는 그래도 대화를 멈출 수 없었다. 전 세계적으로 인간이 저마다 부유함을 추구하는 것이야 이해 못할 노릇은 아니다. 우리 자신도 이런 욕구에서 자유롭지 못하다. 그러나 동시에 온전한 생태계 없이 우리의 부유함이 무슨 소용인가. 아니, 부유함이라는 게 가능하기는 할까? 생태계가 무너지면 우리 인간이 어찌 살 수 있을까. 지구는 갈수록 늘어나는 인구, 계속 높아만 가는 소비 욕구를 가진 사람들에게 필요한 것을 얼마나 오래 제공해줄 수 있을까?

"아무래도 우리가 길을 잃었나 봐!" 나는 겁이 덜컥 났다. "아냐, 그렇지 않아!" 옌스가 장담했다. 우리 자동차가 돌이 험준하기만 한 길을 터덜거리며 가는 사이 벌써 해가 지기 시작했다. 나는 여러 차례 차에서 내려 혹시 길을 잘못 든 게 아닌지 확

인했다. 리흐터스펠트는 남아프리카 북서쪽 끝에 위치한 산악 사막 지대다. 험하고 외졌으며 뜨겁고 적막한 곳이다. "아이들이 아무데서나 놀지 않게 주의하세요." 공원 관리인이 몇 번이고 다짐을 받아낸다. 리흐터스펠트에는 독성이 강한 전갈이 산다. 어떻게 이야기해줘야 아이들이 겁에 질리지 않을까? 마침내 목적지인 코커붐클루프에 도착했을 때는 이미 칠흑 같은 밤이다. 아이들과 내가 불을 피우는 동안, 옌스는 코커붐, 곧 알로에 디코토마, 아니 그 잔재라 불러야 마땅할 나무를 처음으로 찾아보았다. 남아프리카공화국 토종 식물인 이 커다란 알로에에 나무의 가지를 가지고 산족*은 화살

1 칼라하리에서 인위적으로 만들어놓은 거의 모든 물웅덩이에서 우리는 동물을 만났다.

● San, 칼라하리 사막에 거주하는 부족이다. 부시먼족(Bushman)이라고도 하며 몽골로이드와 유사한 외양을 보인다. 남자는 활로 사냥을 하고 여자는 식물 채집을 한다.

1

통을 만들었다.

지금 이 나무는 말 그대로 멸종 위기에 처했다. 사막 식물이 폭염과 건조함에 적응하기는 했다지만 최근 들어 알로에 디코토마에게 주변의 자연환경은 너무 뜨겁고 건조하기만 하다. 이런 환경의 심각성을 우리는 다음날 아침 리흐터스펠트를 돌아보면서 분명히 실감했다. 열기는 마치 살갗이 익는 게 아닐까 싶을 정도로 뜨거웠고 파리 수천 마리가 윙윙거리며 우리를 따라다녔다. 이곳 풍경은 마치 나무 공동묘지처럼 을씨년스러웠다. 남아프리카 국립 생물다양성 연구소(South African National Biodiversity Institute: SANBI)에 소속된 테사 올리버Tessa Oliver는 이런 풍경에 대해 설명했다. "충분히 성장한 나무는 꽃을 피우고 씨앗을 품습니다. 이 씨앗에서 싹이 트기 위해서는 그에 필요한 양의 비가 와야만 하죠. 하지만 씨앗이 싹을 틔웠다 할지라도 가뭄이 닥치면 싹은 말라비틀어져 죽어버리죠. 이런 이유로 지난 20년 동안 이 지역에서는 새로운 알로에 디코토마가 더는 자라지 못했습니다." 그리고 수령이 400년 묵은 나무 역시 환경의 부담을 견딜 수 있는 능력을 잃었다. 대부분의 나무에는 건강한 가지가 몇 개밖에 없다. "다즙식물이 물 부족으로 스트레스를 받으면 그 영향이 가지와 잎에 그대로 나타납니다. 말라버린 가지와 잎에 나무는 수분을 더는 공급하지 않아요. 오히려 이 부분에 남은 수분마저 빼앗아 식물의 다른 부분에 공급합니다." 다즙식물은 이런 식으로 자신을 보호하기 위해 말하자면 '자가 절단'을 하는 셈이다. 그래야 나무 자체가 살아남을 수 있기 때문이다.

갈수록 더 오래 지속되는 가뭄 탓에 리흐터스펠트 주변에 사는 나마족Nama과 이들이 키우는 염소도 고통을 받는다. 윌렘 한스Willem Hans는 아들 한 명과 함께 불가에 앉아 커피를 끓인다. 그는 염소들을 가두는 울타리처럼 늘어놓았던 낡은 매트리스 용수철 하나를 옆으로 밀었다. 그리고 암컷 한 마리의 젖을 짰다. 젖을 짜는 동안 그는 다이아몬드 광산에서 일하는 아들들과 일자리를 찾지 못해 무직으로 염소 키우는 일을 돕는 아들들을 이야기했다. 윌렘 자신도 몇 년 전부터 일자리를 잃어 염소 키우기에 전념한다. 하루 종일 그는 염소들을 데리고 리흐터스펠트를 다니며 먹이를 찾게 해준다.

아이아이스 리흐터스펠트 트랜스프론티어 국립공원의 코커봄클루프로 가는 길은
정말이지 어려운 도전과제였다. 그러나 옌스와 나는 이 마법과도 같은 장소를 언젠
가 반드시 다시 찾아오기로 약속했다. 그때는 아이들이 없더라도.

1

1 우리는 아도 엘리펀트 국립공원에서 아기 코끼리를 보고 너
   무 사랑스러워 눈물이 다 날 지경이었다. 이곳에는 진짜 야생
   동물만 산다!
2 일명 칼라하리 하이웨이의 모습. 앤 라사는 우리 아이들에게
   이 흔적이 무엇을 뜻하는지 설명해주었다. 사진의 흔적은 영
   양의 일종인 스프링복과 지네가 서로 마주쳐 지나간 것이다.

3 앤 라사는 행동과학자다. 자신이 만든 자연보호구역 칼라하
   리 트레일스에서 그녀는 이른바 '빅 파이브' 동물들뿐만 아니
   라, 이 자연이라는 무대의 배경까지 관심을 가지는 모든 손님
   을 기꺼이 맞아준다.

2

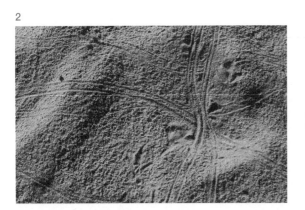

3

4

4 칼라가디 트랜스프론티어 공원의 주변에서 우리는 염소를 키
 워 먹고사는 가족을 만나곤 했다.
5 앤의 집 앞에 나타난 몽구스. 미오와 한나는 몽구스에게 되도
 록 가까이 가려고 살금살금 접근하느라 몇 시간을 보냈다.

6 희귀종인 케이프산얼룩말을 관찰하느라 넋이 나간 프리다.
 1950년대만 하더라도 이 동물은 개체수가 30마리 미만이었
 으나, 오늘날에서 1,500마리가 넘는다. 세계자연보전연맹의
 기준으로 볼 때 이런 개체 증가는 기적이나 다름없으며 종 복
 원사업이 거둔 결실이다. 야생에서 산얼룩말이 멸종할 위험
 은 대단히 높다.

5

6

소는 고작 몇 마리뿐이었습니다." 가뭄이 드는 해가 늘어나고 인구가 증가하면서 이곳의 예민한 생태계 역시 타격을 받았다.

우리는 무거운 마음으로 이 건조하고 뜨거운 북쪽 지역을 떠났다. 아이들은 케이프타운으로 돌아온 것을 기뻐하며, 콩고 출신의 새 친구들과 다시 만나 신이 났다. 아프리카 대륙의 마지막 몇 날을 우리는 테이블산 국립공원에서 보냈다. "핀보스는 세계에서 가장 작은 규모의 식물군계이자 동시에 가장 풍부한 식물 종을 자랑하는 곳이죠. 800제곱킬로미터 면적에 9,000종 이상의 식물이 자랍니다. 이처럼 많은 종이 작은 공간에 밀집하다 보니 식물은 이곳 환경에 자신을 아주 꼭 맞춰놓았죠. 그래서 조금이라도 건조하거나 더워지거나 습해지면 이 식물은 견딜 수 있는 한계를 넘어서버려요." 섬세한

우리 눈에는 먼지만 풀풀 날리는 땅에 앙상한 덤불만 보인다. 윌렘은 우리의 걱정 어린 눈빛을 본 모양이다. "이곳이 항상 이랬던 건 아니에요. 이 땅이 이처럼 메마르게 된 것은 2003년의 일이죠. 염소들이 죽어나갔어요. 우리는 도시로 가서 사료를 사와야 했죠. 하지만 이런 식으로 살릴 수 있는 염

관목의 전문가인 테사 올리버의 설명이다. 일반인은 첫눈에 그 아름다움을 가려보지 못해 이 식물의 귀함을 놓치기 쉬운데 전문가가 풀어주니 우리는 감사할 따름이다. 국립공원의 심장 한복판에서 우리는 그녀에게 도발적인 질문을 던졌다. 이 생태계의 일부가 기후변화 또는 인간의 영향 탓에 파괴되는 문제에 왜 우리가 관심을 두어야 할까?

"하나의 식물은 그저 어떤 빈 공간을 채우는 단순한 식물이 아니에요. 식물은 생태계라는 거대한 그림을 이루는 중요한 부분이죠. 그리고 생태계가 건강해야 우리 인간이 반드시 필요로 하는 물과 같은 자원이 확보됩니다."

엔스와 나는 고개를 끄덕이지 않을 수 없었다. 스프를 먹겠다고 요리하면서 거기에 오물을 빠뜨려놓고 그걸 떠먹을 수 있을까? 그런 어리석은 짓을 할 사람도 있을까? 결국 지구 표면을 오늘날처럼 더럽혀놓은 책임은 우리 인간에게 있다. 우리의 생활터전을 더는 더럽히지 않도록 노력하면서 다시 깨끗하게 만들어야 하는 책임 역시 우리 몫이다.

1 월렘 한스는 리흐터스펠트의 작은 마을 쿠보에스 출신 나마족이다.
2 누천년 동안 나마족은 동물들을 데리고 리흐터스펠트를 누비며 먹을 것을 찾았다.
3 커피에 넣을 신선한 염소젖.

3

생물다양성

친애하는 야나, 친애하는 옌스에게. 아프리카의 남단에서 인사를 보내요.

이곳에 앉아 편지를 쓰면서 창밖을 내다보니 테이블산의 비탈이 갈색으로 물들었습니다. 벌써 나무가 저렇게 말라붙어 버렸네요. 이제 겨우 늦봄인데. 보통 이지역의 식물은 지금쯤 즙을 잔뜩 머금은 녹색을 자랑하죠. 물이 시내와 강을 흐르며, 폭포로 계곡을 채우면서 만드는 녹색이죠. 그러나 올해 이곳 핀보스 생물군계는 너무 메말랐어요. 지중해성 기후*가 차갑고 습한 겨울과 무덥고 건조한 여름을 가져 생겨난 결과입니다. 올해는 심지어 필요로 하는 물의 양을 절반도 채우지 못할 정도로 메말랐습니다. 그리고 건기는 이제 시작입니다. 지역 관청은 이미물 소비를 제한하는 행정조치를 내려야 할지 논의를 벌이고 있죠. 주민들이 매우불안해합니다. 지금 벌어지는 일은 농업 분야에 부정적인 영향을 주어 식료품 가격의 급등을 초래할 것이기 때문입니다.

당신들이 아이들과 함께 찾았던 테이블산 국립공원은 3만 헥타르 면적에 2,200여 종이 넘는 식물을 품었습니다. 그 가운데 90종은 토종이죠. 이 식물은 세계의 다른 어느 곳에서도 볼 수 없다는 말입니다. 비교를 위해 말하자면 영국에는 1,492종의 식물이 있습니다. 핀보스 생물군계 전체에는 9,000여 종이라는 믿기 힘들 정도로 다양한 식물이 자랍니다. 제곱킬로미터당 전 세계적으로 가장 높은 종 밀집도입니다. 저는 이런 환경에서 산다는 것이 자랑스럽습니다. 그런 만큼 기후변화가 지역의 생물다양성에 미치는 영향을 보며 저는 큰 충격을 받습니다. 사람들은 흔히 '생물다양성'이라고 하면 그저 자연을 떠올리거나, 토종의 동식물을 생각하죠. 안타깝게도 인간은 자신이 생물다양성 가운데 일부라는 점을 깨닫지 못합니다. 그러나 생물다양성이란 지구상의 모든 생명체는 물론이고, 이 생명

* 여름에는 기온이 높고 건조하며, 겨울에는 기온이 온화하고 습윤한 지중해성 기후는 남유럽과 북아프리카 사이의 지중해 연안, 아프리카 남부, 북아메리카의 캘리포니아 연안, 칠레 중부, 호주 남서부 등 지구상에 대여섯 지역에서 나타난다.

체 사이에 존재하는 연관 관계까지 포함하는 개념입니다. 인간과 동물은 영양 공급원인 식물에 의존할 수밖에 없습니다. 또 식물은 이산화탄소를 빨아들여 산소로 바꾸어주죠. 다시금 식물은 꽃가루로 수정을 시켜주며 씨앗을 전파해주는 동물에 의존합니다. 이런 상호관계가 어느 지점에선가 끊어져버린다면, 이로써 생겨나는 파괴적인 효과는 쉽사리 가늠조차 할 수 없을 정도로 큽니다.

핀보스의 토종 식물은 몇 년에 한 번쯤 찾아오는 가뭄에 적응했습니다. 그러나 이제 기후변화로 가뭄이 잦아지면서 이 까다롭지 않은 핀보스 식물조차 엄청난 스트레스를 받습니다. 폭우도 마찬가지입니다. 식물은 폭우나 늘어난 건기에 보조를 맞추느라 정말 죽을 맛이죠. 많은 식물이 이를 견디지 못하고 죽습니다. 가장 강한 놈만 살아남죠. 동물이야 이론적으로 폭우나 가뭄에 살아남기 위해 다른 지역으로 옮겨갈 수라도 있죠. 그러나 동물의 경우도 생태계 전체에서 보아야만 합니다. 기후변화는 생태계의 예민한 결합을 끊어놓아 식물이든 동물이든 그 생명 주기에 커다란 영향을 미칩니다. 예를 하나 들어보죠. 국화과 식물은 수명이 1년입니다. 흔히 일년생 식물이라고 하는 것이 국화과입니다. 이 식물은 1년이 다 되어갈 즈음에 씨를 만들고 죽습니다. 겨울의 우기 동안 이 씨는 싹을 틔워 새로운 생명을 빚어내죠. 이런 식으로 국화과 식물의 생명 주기는 반복됩니다. 그러나 건조한 겨울에 씨앗은 말라붙어 싹을 틔우지 못합니다. 반대로 강우량이 풍부한 겨울에 이 식물은 평균 이상으로 많아지죠. 기후변화로 이 지역에는 가뭄이 갈수록 심해지고 있습니다. 파괴적인 가뭄이 몇 년째 이어지면 매년 이 씨앗은 적어져 개체수는 계속 줄어듭니다. 가뭄이 심했던 해의 이듬해에 폭우가 내리거나 홍수가 일어나면 이 씨앗들은 물에 쓸려 가버립니다. 아예 씨가 더는 만들어지지 않는 상황이 초래되죠. 지역의 토종 식물은 이런 식으로 멸종합니다.

너무 먼 이야기처럼 들리나요? 그럼 여러분이 직접 두 눈으로 본 나무, 정확히 이런 운명에 시달리고 있는 나무를 이야기해보죠. 남아프리카공화국과 나미비아의 메마른 지역이 고향인 알로에 디코토마는 대단한 카리스마를 자랑하죠. 이 나무는 이미 견딜 수 있는 기후의 한계를 넘어서고 말았습니다. 다 자란 알로에 나무는 몇백 년을 끄떡없이 살 수 있죠. 많은 동물에게 영양을 제공해주며 심지어 보금자리가 되어주기도 하는 게 이 나무입니다. 이 사막 생태계를 통합해주는 중요한 역할을 알로에 나무가 합니다. 그런데 이곳 사람들은 알로에 나무로 이뤄진 숲에 더는 젊은 나무가 자라지 않는 것을 발견했습니다. 다 자란 나무가 씨앗 만들기를 멈추었거나, 젊은 나무가 이 환경을 버티지 못하는 거죠. SANBI의 과학자들은 나무가 분포된 북쪽 지역에 실제로 더는 씨가 퍼지지 않는 것을 확인했습니다. 젊은 나무가 있을 수 없게 된 거죠. 지역은 20세기 중반부터 갈수록 더 메마르고 더워졌습니다. 심지어 이런 변화로 다 자란 나무까지 죽는 비율이 높아졌습니다. 반대로 더 습하고 시원한 남쪽으로 갈수록 알로에 나무가 늘어났습니다. 과학자들은 이 식물 종이 서식지를 남쪽으로 이동하고 있다는 결론을 내렸습니다. 그 원인은 바로 기후변화일 확률이 매우 높습니다.

특히 기후변화는 우리의 겨울철에 높은 온도를 빚어냅니다. 몇몇 식물은 너무 빨리 자라, 철이 아닌 때에 꽃을 피우죠. 식물이 벌의 화분 수정에 의존하지 않는다면 뭐 문제 될 것은 아닙니다. 그러나 남아프리카공화국의 토종벌은 겨울에 아직 애벌레 단계에 있으며, 봄에 피는 꽃이 충분한 영양분을 제공해줄 때에야 비로소 부화합니다. 식물은 꽃을 너무 일찍 피우고, 벌은 익숙한 대로 부화하다 보니 서로 때가 맞지 않습니다. 그 결과는 참혹하죠. 식물은 수정되지 않고, 벌은 새끼를 키울 영양분을 얻지 못합니다. 식물의 씨는 더는 만들어지지 않습니다. 이런 엇갈림은 인간에게도 파괴적인 영향을 줍니다. 꿀벌이 줄어들면서 농업은 심각한 위기를 맞습니다.

그런데 많은 남아프리카공화국 사람들조차 미처 유념하지 못하는 부분이 있습니다. 기후변화는 무엇보다도 불을 놓아야 하는 시기를 바꿔놓습니다. 핀보스는 주기적으로 불이 일어나는 것에 적응한 생태계죠. 이런 흐름이 무너지는 것은 치명적인 결과를 불러올 수 있습니다. 이 서식지의 많은 식물은 씨를 감싼 껍질이 열릴 수 있도록 불이 일어나줘야 합니다. 또 불로 발산되는 화학물질이 씨가 싹을 틔우게 돕기도 하죠. 핀보스의 불 놓기 시즌은 보통 초여름(12월)에서 가을 사이입니다. 4월에는 비가 많이 내려 불을 태우기에는 식물이 너무 습합니다. 그러나 이제 극단적인 기후변화로 이런 리듬은 깨지고 말았습니다. 그 대신 전에 볼 수 없던 메마르고 더운 겨울 날씨가 지속되면서 불이 자주 일어납니다. 이런 불은 인간이 통제하기도 어렵죠. 이 불은 식물이 씨를 키울 수 없게 파괴시킵니다. 이로써 아주 많은 다양한 씨들이 손실되고 말아 이 지역의 토종 식물은 멸종 위기를 맞습니다. 불이 너무 자주 일어나 문제를 더욱 키우기도 하죠. 식물, 그리고 식물을 먹고사는 동물은 심각한 위협에 시달립니다. 이를테면 케이프타운에서 북쪽으로 300킬로미터 떨어진 세더버그산에 서식하는 프로테아 관목*Protea cryophila*은 쥐가 수정을 해주기 때문에 식물과 동물 모두 위협을 받습니다.

제 말을 오해하지는 말아주시기 바랍니다. 이 편지는 세계의 종말을 예언하고자 하는 게 아닙니다. 기후변화라는 주제를 대중에 널리 알리려 노력하는 사람들이 있죠. 이런 사람들이 많을수록 대중은 기후변화의 심각성을 자각하고 후손에게 더 나은 환경을 물려주려 애쓰겠죠. 대중의 이런 자각이야말로 문제 해결의 중요한 부분입니다.

테사 올리버

테사 올리버
Tessa Oliver

키슈구(Kishugu)라는 화재 관리 전문 자선기업에 종사한다. 지구환경기금(GEF)이 주관하는 '핀보스 불 프로젝트'를 이끈다. 이 프로젝트는 기후변화에 적응하는 전략을 구상하면서 핀보스 생물군계의 재해 위험을 줄이고자 하는 것이다.

호주

마른 땅의 지배자

원주민 여인들이 예페렌예 축제에서 춤을 춘다.

우리는 계속해서 과거의 녹슨 유물과 마주쳤다.

호주

 면적 774만 1,220km²

 인구 2275만 1,000명

 출생률 12.2(매년 인구 1,000명당 태어나는 신생아)

 인구밀도 2.9(주민 수/km²)

 1인당 이산화탄소 배출량 연간 18.49톤

인도양

태평양

● 더비

브룸 ●

● 앨리스스프링스

호주

● 울루루-카타추타 국립공원

● 남붕 국립공원

● 퍼스

프리맨틀 ●

● 우다닐링

● 시드니

캔버라 ●

코지코너 ●

멜버른 ●

N

200 km

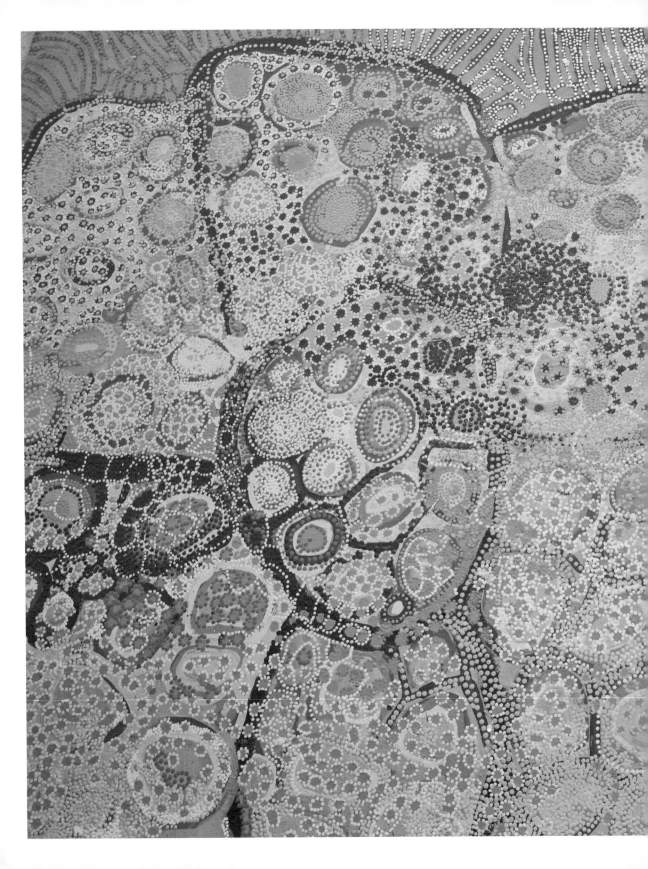

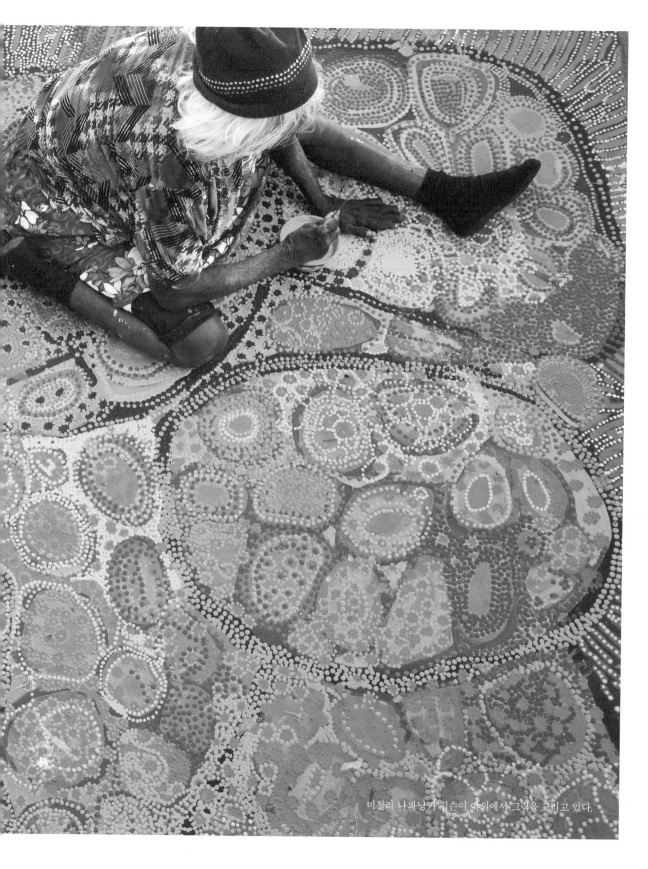

미칠리 나파낭카 깁슨이 야외에서 그림을 그리고 있다.

호주 중심부에 있는 앨리스스프링스. 낡은 나뭇가지처럼 거칠고 굽은 손가락이 나무막대기를 물감통에 집어넣었다가 화폭으로 가져간다. 2미터 곱하기 4미터 크기의 커다란 그림은 호주 중부 사막의 붉은 모래로 둘러싸여 있다. 화폭 한복판에 앉은 화가는 미칠리 나파낭카 깁슨Mitjili Napanangka Gibson이다. 그녀는 몇 달에 걸쳐 한 점 한 점 정성들여 찍어가며 무수히 많은 색깔의 점이 어우러진 이 커다란 작품을 그려냈다. 이렇게 해서 생겨난 것은 한 폭의 그림 그 이상의 것이다. 미칠리가 상상력을 동원해 그려낸 작품은 선조의 땅을 새의 관점으로 내려다본 일종의 항공촬영과 같다. 미칠리가 화폭에 잡아두려는 것은 그녀가 가진 지식이다.

과학자들이 약 8만 년 전부터 이 땅에 살았을 것으로 추정하는 호주 원주민 애버리지니aborigine가 이 광활한 자연과 더불어 살며 생존을 위해 안간힘을 썼던 방법, 이 다채로운 자연환경 등이 그림에 담겼다. 호주에 백인이 들어와 살기 시작하면서 땅의 소유권을 둘러싼 다툼은 뜨겁기만 했다. 이 땅이 어떤 의미를 가지며, 또 어떻게 다루어야 마땅한지 하는 물음은 서로 밀접하게 맞물린다. 호주 원주민에게 이 땅은 돌봐주어야만 하는 것이다. 그리고 이 땅이 품은 자연 자원이 무엇인지 아주 자세한 지식은 반드시 필요하다. 호주 중부 사막처럼 자비라고는 없는 땅에서 미칠리의 선조들은 자연 자원을 소중히 다뤄야만 했다. 어떤 맹수가 언제 사냥을 할 수 있을 정도로 '성숙'하는지, 또 이미 자생력을 갖춘 새끼를 낳아 놓았는지, 식물의 어떤 뿌리를 어느 계절에 캐야 하는지, 미칠리의 지식은 풍부하기만 하다.

1

미오는 커다란 그림과 할머니를 번갈아 보며 놀란 입을 다물 줄 몰랐다. 미칠리는 호주 서부 사막에서 붉은 대륙의 마지막 유목민으로 살아가는 이야기를 들려주었다. 붉은 대륙은 호주 중부를 포함하는 문화 지역을 부르는 명칭이다. 미칠리는 젊은 시절이던 1957년에 백인을 처음 보았다고 말했다. 그러나 이후 50년이 넘는 세월 동안 자신의 인생은 완전히 달라졌다고도 했다. 미오와 미칠리는 곧바로 친해졌다. 울루루로 출발할 때가 되어 떠나려 하자 미오는 단호한 목소리로 자신은 '할머니 미칠리'에게 남겠다고 고집을 피웠다. 다시 돌아올 거라고 굳은 약속을 해주고 나서야 미오는 우리를 따라나섰다.

엔스와 나는 사막의 무뚝뚝한 아름다움에 흠뻑 매료되었다. 이번에 사막은 예전에 전혀 보지 못한 면을 자랑하기도 했다. 사막에 비가 내린 것이다. 호주 국토 면적의 약 1/5은 섭씨 50도에 이르는 대단히 높은 온도와 연간 강수량이 250밀리리터가 채 되지 않는 '뜨거운 사막'으로 분류된다. 이런 사막에 조금이라도 비가 내리면 며칠 안에 전혀 예상하지 못한 세상이 펼쳐진다. 이런 풍광을 만나려면 몇 달, 아니 심지어 몇 년을 기다려야만 한다. 소중한 습기로 일깨워진 생명력은 형언하기 힘든 장엄함을 연출한다.

호주는 지구상에서 가장 메마른 대륙이다. 워낙 땅덩이가 큰 나머지 열대의 무덥고 습한 북쪽 지역에서 메마른 사막이 있는 내륙, 그리고 아열대기후 지역과 온화한 기후를 누리는 남쪽까지 네 개의 기후 지대가 동시에 존재한다. 호주 국민의 4/5 이상은 해안 지역에서 산다. 그러나 해안 지역도 매년 기후 신기록을 갈아치운다. 갈수록 무덥고 메말라지며 악천후와 산불이 잦고 심해진다. 호주의 기상 당국이 최근 발표한 자료에서는 2090년까지 붉은 대륙의 온도가 평균 5.1도 높아질 것으로 전망한다.

호주 남서부 우다닐링의 톰슨 목장

우리는 벌써 30분 동안 황량한 들판을 덜커덩거리며 달렸다. 멀리 지평선에서 나는 무슨 바위들이 나란히 형상을 이룬 모습을 보았다. 가까이 다가가 보니 양떼다. 털을 짧게 깎아놓은 탓에 양은 흙의 색을 고스란히 받아들여 그런 모양으로 보였다.

1 호주 애버리지니의 성지인 울루루(에어즈 록)가 비온 뒤 안개에 싸여 있다.
2 화가 미칠리 나파낭카 깁슨.

2

149

호주에는 전 세계에서 가장 큰 야생 낙타가 산다. 이 낙타는 이주민이 가지고 들어와 수송 수단으로 이용했다. 이런 쓰임새는 자동차와 열차가 등장할 때까지 지속되었다. 외래종인 낙타는 급속도로 증식해 호주 생태계에 큰 해를 입혔다.

5

1 호주 남서부의 밀 재배 지역에 있는 톰슨 가족의 농장에서 만난 양이 병에 든 물을 받아 마신다.
2 러셀 톰슨은 삼 대째 농사를 짓는다. 그는 기후변화를 사실로 받아들이기 힘들어한다.
3 호주에서 가뭄은 주기적으로 나타나는 자연현상이다. 그러나 지난 10년 동안 엄청나게 잦아졌다.
4 호주 아웃백 지역의 방목장 울타리.
5 캥거루는 호주에서 어디를 가나 볼 수 있는 동물이다.
6 웨스턴오스트레일리아의 남봉 국립공원에 있는 피너클스 사막에서 야냐와 옌스와 한나.

6

152

7

7 미오가 아웃백에서 섭씨 40도가 넘는 뜨거운 모래에 앉아 놀고 있다. 붉은색 모래는 모래알에 섞인 철분이 공기와 접촉해 산화철로 녹이 슬면서 생겨난다.

8 아웃백의 낙타 농장. 이 곳간은 매우 간단한 재료로 만든 것이지만 건축자재로 쓴 원자재는 저마다 수천 킬로미터를 이동해왔다.

9 낙타 등에 올라탄 파울라와 미오. 파울라는 내려온 뒤에 멀미를 느꼈다.

8   9

병을 닦는 솔처럼 생겼다고 해서 병솔나무*Callistemon*라고 불리는 식물의 꽃.
서부 호주 남쪽의 49만 3,000제곱킬로미터에 달하는 생물다양성 핫스팟에서 볼 수 있는
이 식물은 지구의 다섯 개 지중해성 생태계에서도 가장 심각한 멸종 위협을 받고 있다.

다음 번 방목장에 도착했다. "어디 봅시다, 당신이 진짜 도시 여성인지!" 러셀 톰슨Russell Thomson이 껄껄 웃었다. 그는 아주 만족스럽게 미소를 지었다. 방목장 울타리의 문은 어떻게 열고 닫는지 도무지 아리송하기만 했다. 나는 잡아당기고 눌러보고 들어보기도 했으나 문은 꿈쩍도 하지 않았다. 보다 못한 러셀이 문을 여는 동안 나는 흙을 한 움큼 움켜쥐고 손가락 사이로 흘려보았다. 목장으로 가는 내내 떠오른 물음이 계속 뇌리를 맴돌았다. 웨스턴오스트레일리아의 농부들은 어떻게 해서 이 메마르고 척박한 땅에서 몇 대째 농사를 지으며 수확을 올리고 심지어 이득까지 볼 수 있었을까?

거리의 반대쪽, 곧 카타닝으로 향하는 거리에는 호주에서 흔히 보는 관목림이 자란다. 서부 호주, 특히 남서부 지역은 지구의 35곳 생물다양성 핫스팟 가운데 하나다. 이곳에는 1만 3,000여 종의 식물이 자란다. 대부분 토종으로 지구가 생명을 유지하는 데 없어서는 안 될 부분들이다. "내가 어렸을 때 정부는 모든 토종 식물을 제거하라고 강요했소. 명령에 따르지 않는 사람은 농토를 잃었죠." 이 어리석은 전략이 빚어놓은 결과를 러셀은 우리에게 손가락으로 가리켜 보인다. 눈앞에 거대한 소금 평원이 펼쳐진다.

"호주의 땅은 아주 오래된 것이죠. 우리 대륙의 토양에는 엄청난 양의 소금이 저장되어 있습니다.

1 자신의 농장 가까운 곳에 생겨난 소금 평원을 살펴보는 러셀 톰슨.

1

더비에서 본 풍차. 동물에게 먹일 지하수를 끌어올리는 데 쓴다.

1

1 호주 서부 해안의 퍼스. 이 대도시는 세계에서 가장 외딴 곳에 있다. 동부 해안보다 이곳에서 아시아로 가는 항로가 더 짧다.

2 앨리스스프링스의 앤잭 힐. 퇴근한 직장인들이 석양을 보며 맥주를 즐기는 만남의 장소다.

3 프리맨틀의 사우스비치에서 열린 파티. 우리는 퍼스와 가까운 항구도시이며 예술가들이 즐겨 찾는 이곳을 우연히 발견해 1년을 머물렀다.

2

3

4

4 사우스비치의 자유분방한 광경.
5 남붕 국립공원에서 만난 붉은관유황앵무*Eolophus roseicapilla*,
  멍청이라는 뜻의 갈라라고도 한다.
6 웨스턴오스트레일리아의 올버니. 이곳은 우리가 호주에서 본
  해변 가운데 가장 아름다웠다.

5

6

소금은 우리에게 아무 문제를 일으키지 않고 땅속에 그대로 있었죠. 토종 식물이 풍성할 때에는 그 깊은 뿌리가 지하수를 지표면 몇 미터 아래 잡아두었죠. 그런데 우리는 뿌리가 깊은 모든 식물을 뽑아버리고, 뿌리가 얕은 농작물을 그 자리에 심는 멍청한 짓을 했어요. 지하수가 지표로 올라오며 땅속에 있던 소금을 위로 끌어올렸죠. 바람이 불어 수분을 날려버리면 소금만 남습니다." 호주 남서부의 밀 산출 지대는 그동안 많은 지표면이 소금으로 망가져 더는 농사를 지을 수 없게 되고 말았다. 이런 추세는 악마가 꼬리를 물고 돌아가듯 계속 심각해진다. 겨울비는 소금을 계곡으로 쓸어가 민물을 소금물로 만들어버린다. 갈수록 식물이 고사해버려 식물 종은 계속 줄어든다. 곳곳에 헐벗은 땅이 보이는 이유다. 온도가 계속 상승하고 가뭄이 빈번해지면서 수분의 증발은 더욱 빨라져 염류 집적이 일어난다.

계속되는 토양의 염류 집적을 막으려고 톰슨 가족은 다시 관목을 심기 시작했다. "앞으로 100년 뒤에는 이 땅에서 아무것도 자랄 수 없어요. 지금은 평소 다른 때보다 더 메말랐어요. 이래서는 가축 사료로밖에 쓸 수가 없어요." 러셀은 우리에게 귀리 밭을 안내하며 곡물의 상태를 점검했다. 호주의 농업은 그야말로 복불복 게임이다. 매년 종자와 화학비료 그리고 잡초제거제에 백만 단위 이상의 돈을 투자해야만 하는 것이 호주의 농업이다. 가뭄이 몇 년째 지속되더라도 이런 투자는 멈출 수가 없다. 그동안 몇몇 농부는 파산하고 말았다. "작년에는 좋았어요. 10년 전만 해도 곡물이 상당히 잘 자랐죠. 강우량이 예전처럼 고르지 않고, 지

역적으로 차이가 많이 납니다. 우리는 이게 태풍이 잦아져 그런 것으로 보고 있어요. 예전의 좋은 한랭전선이 더는 없어요. 왜 그런지 이유는 모르겠습니다." 기후변화? 호주에서 우리는 어떤 농부와 이 이야기를 나누든 답은 한결같았다. 이곳에 기후변화는 없단다!

그런데 자세히 캐물어보면 답이 달라진다. "우리는 항상 변덕이 심한 기후와 함께 살아왔죠. 호주가 그런 곳이에요. 하지만 그동안 날씨는 예측할 수 없는 것이 되고 말았어요." 호주 기상위원회는 국민에게 기후지대가 남쪽으로 200킬로미터까지 밀려나고 있다고 홍보한다. 핵심 요인은 강우량이다. 그만큼 이곳은 농토에 물을 대기가 힘들어졌다. 이런 추세라면 오로지 호주의 남서부에서 농사를 지어야만 소득을 올릴 뿐이다. 농부들은 위성 기술까지 동원하며 안간힘을 쓴다. "지금은 바느질 하는 골무에 물을 가득 채우고 씨앗을 일일이 담아 싹을 틔워야 할 지경이에요."

수확을 할 반년 뒤까지 농부는 그저 비가 너무 많이 혹은 적게 내리지 않고, 서리 탓에 곡물이 망가지지 않기만 바랄 따름이다. 항상 이런 식이라고 농부는 한숨을 짓는다. 그러나 기후변화는 언제나 계산할 수 없는 변화를 수반한다. 그럼에도 러셀은 기후변화라는 주제를 인정하기 힘들어한다. 반대로 호주 정부의 위원회들은 이미 몇 년 전부터 호주에서 왜 이처럼 많은 농부가 자살을 감행하는지 그 배경을 조사하고 있다. 결국 러셀은 농산품의 소비자인 우리의 책임을 상기시킨다. 우유 1리터가 물 1리터보다 싸다면 호주든 다른 어느 나라든 낙농가는 경제적으로 지탱할 수가 없다.

"누구나 농산품에는 싼값을 치르려고만 하죠. 하지만 식품은 농사를 짓는 사람이 있어야만 있는 거 아닌가요." 호주에서 부모의 농사를 물려받으려는 젊은이는 갈수록 줄어든다고 한다. 농사를 하는 중압감은 크기만 하고 수입은 너무 적기 때문이다. 이처럼 구멍이 난 부분은 이미 다른 나라의 정부나 다국적기업이 파고든다. 미래에 자국의 인구를 먹여 살리거나, 세계적으로 인구가 늘어나기에 식품의 수요가 커질 것으로 각국 정부와 다국적 기업은 예상하기 때문이다. 2014년 중반의 호주 통계청 발표는 4억 헥타르에 달하는 호주 농토 가운데 5000만 헥타르가 이미 부분적으로 혹은 완전히 외국 투자자의 손에 넘어갔다고 확인해주었다. 농토와 더불어 호주에서 부족하기만 한 자원, 곧 물의 주인도 바뀐다. 1300만 메가리터 가운데 200만 메가리터의 소유권은 이미 외국인의 손에 넘어갔다. 저녁에 다시 농가로 돌아가는 길에서 러셀은 깊은 생각에 잠긴 투로 말했다.

"기후변화를 사실로 받아들인다는 것은 나 같은 농부에게는 그게 내 잘못이요 인정하는 것과 같죠. 나는 이런 부담을 견딜 수가 없습니다."

웨스턴오스트레일리아, 프리맨틀

우리 아이들은 공공녹지에 물을 뿌려주는 스프링클러만 보면 신이 나서 뛰논다. 그러나 호주처럼 물이 특히 부족한 나라에서 이처럼 물을 낭비하는 것은 어리석어 보인다. "우리의 강우량은 1975년 이후 30퍼센트가 줄었습니다. 하천과 강의 물은 반토막이 났죠. 퍼스는 몇 년 전만 해도 강물을 취수장에 모아두고 식수로 공급했죠. 지금은 엄두도 못

낼 일입니다." 호주 녹색당의 기즈 왓슨Giz Watson은 이런 말로 상황을 설명했다. 호주의 가장 유명한 환경운동가인 팀 플래너리Tim Flannery[•]는 2000년 초 퍼스가 강우량 부족과 석탄에 의존하는 경제구조 탓에 21세기의 첫 번째 유령 도시가 될 것이라고 예언했다.

플래너리의 경고를 특히 심각하게 받아들인 쪽은 지역의 수자원 공급 업체 퍼스 워터 코퍼레이션이다. 이 기업은 즉각 새로운 구상을 선보였다. 2006년 퍼스 남쪽에 남반구 최대 규모의 해수담수화 설비를 세운 것이다. 이로써 웨스턴오스트레일리아는 주민이 마실 식수의 17퍼센트를 소금을 제거한 바닷물로 공급하는 호주 최초의 주가 되었다. 그리고 이 행보는 새로운 출발의 시작일 뿐이다. "우리는 지금 두 개의 커다란 해수담수화 설비에 의존합니다. 그밖에 지하 깊은 곳의 대수층에서 지하수를 끌어올려 쓰기도 하죠." 기즈의 설명이다. 이렇게 얻는 물이 없다면 퍼스는 아마도 21세기 말에 이르기도 전에 사람이 살 수 없는 도시가 되고 말리라.

샤니 그레이엄Shani Graham과 팀 다비Tim Darby는 호주 사람들의 녹색 사랑을 주목했다. "물을 주는 것은 곡물과 같은 의미 있는 작물뿐이죠." 퍼스의 전형적인 변두리 동네에서 두 사람은 이웃들에게 절약과 나눔처럼 환경을 생각하는 지속적인 생활 방식이 즐겁다는 점을 설득해 일종의 작은 지속성 혁명을 일으켰다. 이렇게 해서 공공녹지에는 공동

[•] 1956년생 호주 생물학자이자 동물학자다. 대중이 알기 쉽게 기후변화를 다룬 책을 써서 명성을 얻었다. 사우스오스트레일리아박물관 관장이자 애들레이드 대학교 환경생물학 교수다.

체 텃밭이 생겨났다. 이 밭에는 동네 주민이면 누구나 자신의 야채를 심고 키울 수 있다. 풀 깎는 기계, 각종 연장, 드물게 쓰는 살림살이 도구는 더는 직접 구입하지 않고 필요할 때마다 이웃끼리 빌려서 쓴다. 체계적으로 물건을 나눠 쓰며 공간도 함께 사용하고 서로 필요로 하는 전문지식을 주고받는 이런 형태의 생활 방식을 전문용어로는 '공유경제'라고 한다. "이웃과 정말 멋진 공동체를 이루게 되어 우리는 깜짝 놀랐어요." 샤니 그레이엄은 교사를 그만두고 사람들이 서로 돕는 네트워크를 구성해 운영하고 있다. 그동안 퍼스 전역에서 리빙 스마트 코스Living-Smart Course가 시민들의 적극적인 참여로 성황을 이루었다.

"사람은 누구나 환경을 아끼는 지속적인 생활 방식을 원하지만, 어떻게 해야 하는지 모를 뿐이죠. 우리 코스는 작은 변화를 시작할 수 있게 자극을 줄 따름입니다. 이런 작은 변화가 실천되면서 커다란 바퀴가 굴러가는 선순환이 이뤄져요. 그저 팔짱만 끼고 아무것도 하지 않으면 전혀 의미가 없죠." 나는 샤니에게 곧장 많은 잠재적 참가자들이 했을 법한 질문을 했다. "그렇지만 그 동네가 원래 특별했던 게 아닌가요?" 이런 질문을 던질 때 솔직히 말해 나는 내 이웃들을 떠올렸다……. 샤니는 단호하게 말했다. "특별해서 그런 게 아니에요! 우리는 어디서나 보는 전형적인 변두리 동네예요." 이웃들은 그저 스쳐 지나가기만 했으며, 서로 교류를 나눌 접점이라고는 전혀 없었다고 샤니는 강조했다. "그거 아세요? 사람들이 가장 흔히 내세우는 핑계가 그거

야 특별해서 그렇겠지 하는 거죠."

샤니와 팀은 변화의 씨를 2013년부터 다른 동네에도 뿌려왔다. 그 좋은 예가 주거공동체다. '에코버비아Ecoburbia'는 거실 공간은 최소화하고 공동 텃밭을 최대한으로 넓게 잡은 주거공동체를 구상해 실천하고 있다. 이 공동 텃밭에서 각 세대는 필요로 하는 식품을 100퍼센트 자급자족할 수 있다. 사람들은 대개 염소와 닭을 키우며 텃밭을 가꾸는 샤니와 팀의 소비 반란을 탐탁지 않게 여겼다. 그러나 이제 이웃들은 이 새로운 풍경에 익숙해졌다. 거실 창문을 열면 자갈을 깐 앞마당이 아니라, 채소가 풍성하게 자라는 녹색의 풍경이 마음까지 평안하게 해준다.

1 에코버비아의 염소. 샤니 그레이엄은 염소의 젖을 짜서 손수 치즈를 만든다.
2 에코버비아의 텃밭에서 일하는 샤니.

2

웨스턴오스트레일리아의 코지코너에서 맞은 겨울 아침.

부족해지는
식료품

우리 가운데 대다수는 기후변화를 아주 먼 이야기로 여긴다. 흔히 사람들은 기후변화 하면 태풍이나 해수면 상승으로 존재를 위협받는 섬나라를 떠올리곤 한다. 우리 독일 사람에게 가뭄에 시달리는 호주는 지구 반대편에서 벌어지는 일이라 직접 상관이 없는 문제로 여겨지는 것이다. 그러나 기후변화는 이미 우리의 일상 속에 들어와 진행되고 있는 현실이다.

2014년 성탄절을 얼마 앞두고 독일 슈퍼마켓에서는 개암나무 열매(헤이즐넛)를 찾는 고객은 빈손으로 돌아가야만 했다. 이유가 뭘까? 세계 시장에서 이 열매 생산의 70퍼센트를 도맡는 나라는 터키다. 이상할 정도로 따뜻한 겨울을 겪으며 터키의 개암나무는 일찌감치 꽃을 피웠으며 잘 익은 열매를 주렁주렁 달았다. 그런데 3월에 이상기온으로 우박이 쏟아지며 대부분의 열매를 망가뜨렸다. 그 결과 전 세계적으로 헤이즐넛은 시장에서 구경도 할 수 없을 정도로 줄어들고 말았다. 이듬해에도 이 열매의 수확량은 보잘것없었다. 헤이즐넛의 세계 시장 가격이 폭등했으며, 독일의 대형 초콜릿 제조업체는 이 열매를 비롯해 견과류가 들어간 제품의 가격을 올릴 수 없어 손해를 보고 팔아야만 했다. 터키 환경부는 2004년 이후 매년 우박이 내리는 날이 확연하게 증가했다고 밝혔다. 앞으로도 따뜻한 겨울과 우박 피해는 더 잦아질 것으로 예상된다.

이것은 개별적인 사례가 아니다. 기후변화는 우리가 익히 아는 기온과 강수량의 모델을 뒤죽박죽으로 만들며 기상이변이 자주 일어나는 원인이다. 높은 온도와 폭염은 많은 지역에서 수분이 증발해 메말라지는 현상을 빚어낸다. 비가 내리지 않는 날이 많아지면서 가뭄이 오래 지속된다. 그밖에도 갑작스러운 폭우가 잦아지며 태풍으로 하천이 범람하면서 식물을 괴롭히는 병이 퍼지기 좋은 환경이 생겨난다. 이 모든 것은 이미 오늘날 농산물의 산출량 저하를 초래하고 있다. 지구온난화와 농토의 적응력에 따라 그 심각성이 조금씩 달라지기는 하겠지만 이런 추세는 더욱 강해지고 있다. 브라질과 캘리포니아가 현재 겪는 가뭄은 미래가 어떤 모습일지 우리에게 알려주는 전조다.

전 세계에서 소비되는 오렌지주스의 절반은 브라질에서 생산된다. 브라질 오렌지는 주로 상파울루주에서 재배된다. 높은 기온과 심각한 수분 증발로 그동안 집중적인 인공관개는 불가피해졌다. 기후변화 탓에 오렌지 농사는 갈수록 남쪽 지방으로 옮겨진다. 세계에서 두 번째로 큰 규모를 자랑하는 미국의 오렌지 농사 역시 몇 년째 지속되는 극심한 가뭄에 시달린다. 플로리다의 해안과 가까운 오렌지 농장은 더욱이 해수면 상승으로 위협을 받는다. 독일의 신선한 오렌지 공급원인 스페인 역시 갈수록 물 부족과 지하수 고갈로 신음한다. 지구온난화를 분명하게 섭씨 2도 이하로 낮추지 못하는 한, 브라질과 미국과 스페인 이 세 나라 모두 비가 내리지 않는 날은 확연히 늘어난다.

커피 식물도 건조함 탓에 고통을 받는다. 전 세계의 커피 농사 가운데 절반은 브라질과 베트남에서 이뤄진다. 이 두 나라에서 커피는 경제를 떠받드는 기둥이다. 두 나라는 지난 10년 동안 변화한 강우 모델과 갈수록 심해지는 물 부족으로 커피 수확의 상당량을 잃었다. 베트남은 기후변화로 가장 큰 피해를 보는 국가 가운데 한 곳이다. 세계은행은 브라질이 2070년까지 현재 커피 농사를 짓는 지역의 1/3 정도를 잃을 것으로 전망했다. 세계적으로 볼 때 커피 농사를 짓는 땅은 2050년까지 절반이 줄어든다고 베를린 훔볼트 대학교의 연구조사는 밝혔다. 위도가 더 높은 지역으로 커피 농사를 옮기는 것이 한 가지 대안이기는 하다. 그러나 이를 위해서는 멀쩡한 나무들을 벌목해야만 한다. 이는 그만큼 이산화탄소가 늘어남을 의미한다.

기후변화로 대폭 줄어드는 식료품의 또 다른 예는 바나나다. 바나나는 세계적으로 가장 많은 양이 재배되는 식물이다. 바나나를 수출하는 주요 국가 가운데 하나인 에콰도르의 농업은 오늘날 인공관개에 크게 의존해야만 하는 처지다. 그러나 에콰도르와 세 번째로 바나나를 많이 수출하는 콜롬비아는 무엇보다도 홍

수 탓에 엄청난 양의 수확 손실을 본다. 더 높은 기온과 허리케인과 홍수는 바나나 식물을 위협하는 바이러스와 곰팡이가 퍼지기 좋은 환경을 만든다. 이런 바이러스와 곰팡이를 퇴치하는 데에는 막대한 비용이 든다. 전 세계적으로 온실가스를 대폭 줄이지 않는 한, 두 나라는 갈수록 더 심해지는 폭우의 피해를 본다. 콜롬비아는 기후변화 탓에 2060년까지 바나나 농사에 적합한 면적의 60퍼센트를 잃을 수 있다.

몇몇 지역과 농작물은 변화한 강우량 모델과 길어진 따뜻한 성장기 그리고 공기 가운데 더 많은 이산화탄소로 이득을 볼 수 있기는 하다. 이를테면 멕시코의 몇몇 농토는 앞으로 바나나 농사에 더 유리해질 것으로 보인다. 그러나 전체적으로 볼 때 남아메리카의 중부와 북서부 지역에서 바나나 농사를 지을 수 있는 농토는 향후 10년 뒤에 약 20퍼센트 줄어든다. 기후변화에 관한 정부간 협의체 IPCC는 밀과 옥수수 같은 기본 식량 역시 기후변화로 부정적인 영향을 받는다는 보고서를 내놓았다.

재배 지역이 어떻게 바뀌어 가는지, 또 제한된 농토와 담수를 둘러싼 경쟁을 고려해 세계적인 식량 안정성은 어떤지 평가하는 포괄적인 연구는 아직도 없는 실정이다.

독일에서 몇몇 식품은 앞으로 가격이 오르거나, 때에 따라서는 아예 구입할 수 없거나 품질이 떨어진 것만 구할 수 있게 된다. 그래도 식량 안정성이 위협받는 수준까지는 가지 않는다. 반대로 농업을 위주로 하는 많은 국가의 국민은 부족한 수입 탓에 생존을 위협받는 상황에 처한다. 터키는 기상이변에 직접적인 피해를 보는 국가다. 중앙아시아의 대다수 국가 그리고 유럽의 세 나라도 마찬가지다. 터키 환경부는 국가 전체에서 농경 지역이 바뀌며 수확이 감소할 것(견과류뿐만이 아니다)으로 예상한다. 농업에 종사하는 국민의 25퍼센트는 극심한 빈곤에 시달리게 된다.

세계적으로 평균 기온이 섭씨 1.5도 올라가느냐, 아니면 3에서 5도까지 올라가느냐는 엄청난 차이를 빚어낸다. 바로 그래서 기후변화 탓에 생겨나는 농경국가의 피해를 되도록 줄이려면 한시라도 빨리 우리는 행동에 나서야 한다. 유엔은 세계적인 온실가스 배출을 향후 10년 동안 대폭 줄이기 위한 대책을 마련하고 그 실천에 전력을 기울여야 한다. 해당 농경국가들은 기후변화에 대처할 적응 전략을 개발하고 실천에 옮기기 위해 빠르고 지속적인 지원이 필요하다. 일상에서 우리 모두는 자연의 지속성을 최우선으로 여기는 생활 방식을 통해 온난화를 막는 데 기여할 수 있다. 영양과 관련해 이런 지속적인 생활 방식은 제철에 지역에서 나는 유기농 상품을 선호하는 것을 의미한다. 육류와 유제품을 적당히 즐기고 식품의 낭비를 피해야만 한다.

틸로 포메레닝
Thilo Pommerening

세계자연기금(WWF) 독일 지부의 기후 전문가다. 세계자연기금에서 기후 발자국(Climate footprint)을 줄이는 프로그램에 참여했으며, 현재는 식품 분야에서 활동한다.

모로코 에르그 셰비의 일몰.

모로코

문 앞에서 노크하는 사막

염소 수송. 모래 언덕을 거치면 메르조가로 가는 지름길이다.

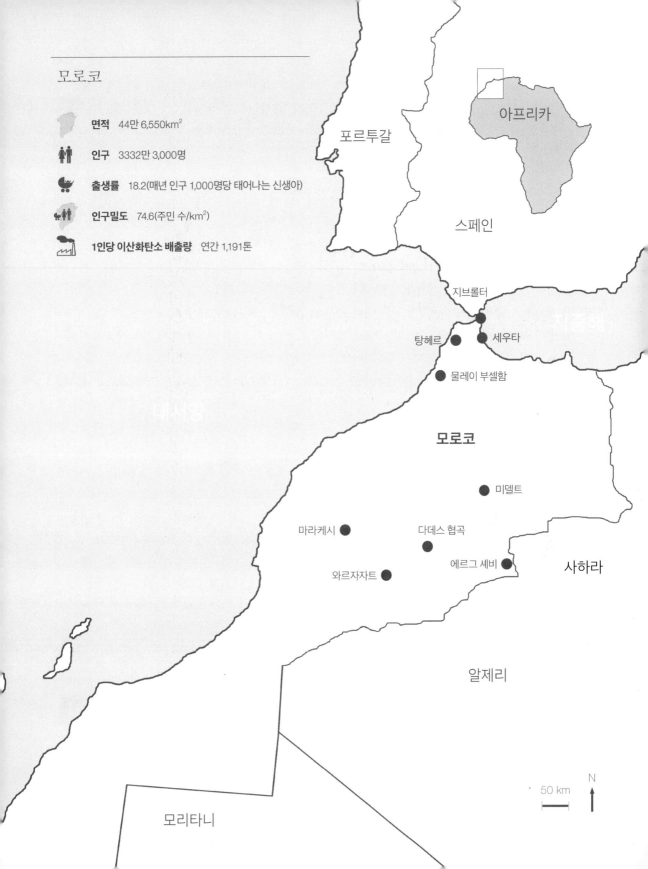

모로코

면적 44만 6,550km²

인구 3332만 3,000명

출생률 18.2(매년 인구 1,000명당 태어나는 신생아)

인구밀도 74.6(주민 수/km²)

1인당 이산화탄소 배출량 연간 1,191톤

포르투갈

아프리카

스페인

지브롤터

지중해

탕헤르   세우타

물레이 부셀함

대서양

모로코

미델트

마라케시   다데스 협곡

에르그 셰비   사하라

와르자자트

알제리

모리타니

50 km   N

오븐에 들어가 있는 게 이런 기분일까. 숨이 막힐 정도로 덥다. 안전모와 조끼는 사막의 기후에서 견디기 힘든 고통이지만, 규정이다. 나는 세계에서 가장 큰 태양열 발전단지를 촬영해 달라는 요청을 받고 야나와 가족 없이 모로코의 와르자자트로 왔다. 태양열 발전은 재생 에너지 분야에서 모로코가 선도적 역할을 하고 있다는 것을 보여주려는 야심찬 프로젝트다. 작은 도시에서 멀지 않은 곳의 사막에 태양열 집열기가 나란히 늘어섰다. 늦어도 2020년이면 모로코가 필요로 하는 2,000메가와트의 전력이 태양열 발전으로 생산될 것이라고 한다. 모로코의 늘어나는 인구와 경제에 비추어 보면 이런 프로젝트는 중요하다. 매년 에너지 수요는 8퍼센트씩 늘어난다. 현재 모로코는 필요한 전기의 97퍼센트를 수입한 화석연료로 생산한다. 기후변화에 관한

정부간 협의체IPCC의 학자들은 모로코를 포함한 이 지역의 미래가 장밋빛은 아니라고 경고한다. 갈수록 메말라지고 무더워지기 때문이다. 강우량은 지역 편차가 있지만 전반적으로 줄어드는 추세다. 1960년대 이후 지금까지 인구가 세 배 늘어났는데, 이들의 식량 문제는 초미의 관심사다. 무엇보다도 큰 문제는 물 부족이다. 이곳의 생명이 얼마나 목말라하는지를 나는 모로코의 남동쪽으로 가면서 두 눈으로 똑똑히 보았다. 풍경은 삭막하고 건조하기만 하다. 하천과 직접 맞닿은 곳만 광경이 좀 달랐을 뿐이다.

다데스 협곡에 있는 마을 아이트 이브리르네가 그 좋은 예다. 나는 해가 뜨기 전에 숙소에서 빠져나왔다. 사막에서 며칠을 보낸 뒤라 오아시스는 내 눈에 녹색으로 보였고, 새들의 노랫소리는 콘서트 음악처럼 아름다웠다. 거의 초현실적인 풍경이다. 첫 번째 햇살이 농토와 만나 반짝인다. 주민들은 이른 새벽부터 수로를 살피느라 바쁘다. 인공 도랑이 아틀라스산맥에서 흘러내리는 물을 끌어온다. 주민들은 이렇게 흐르는 물을 호스로 올리브, 무화과, 대추야자 그리고 채소밭과 곡물 밭으로 나눈다. 내가 묵는 숙소의 주인인 무스타파 아이트 우삭트 Mustapha Ait Oussakt 역시 손수 물을 해결해야 해서 양동이를 들고 나왔다. 그는 예전에 이곳이 전혀 달랐다고 말한다. "20년 전만 해도 이곳 산들은 녹색으로 우거졌죠. 그러나 인간이 가축을 키우며 풀을 뜯어 먹게 한 탓에 산은 헐벗고 말았죠. 내 아버지가 어렸을 때만 해도 산비탈에는 측백나무들이 우거졌다더군요. 사람들은 그걸 베어 땔감으로 썼죠." 무스타파는 마을을 한눈에 굽어볼 수 있는 언덕 위

1

로 나를 데리고 갔다.

"날이 갈수록 사막이 가까워져요. 모래언덕은 이제 겨우 100킬로미터 떨어졌을 뿐입니다." 무스타파는 허허로운 표정으로 웃었다. 체념한 기색이 역력했다. "내가 말하는 것은 새로운 모래언덕, 곧 새롭게 생겨나는 사막이에요! 20년 전만 해도 사막이 더 커지지는 않았거든요!" 그는 20년 전을 강조하며 말했다. "많은 지역에서 사람들은 물을 얻으려 땅을 수백 미터 파 들어가야만 합니다." 나무를 잃어 벌거숭이가 된 산비탈, 계속 더워지는 기온, 강한 바람은 모로코 남부가 신음하는 문제를 더욱 키운다. "겨울에 눈이 내리더라도 바람이 곧바로 쓸어가 버려요. 아무것도 바람은 막을 수 없죠." 토지의 용도 변경과 기후변화가 어떤 결과를 빚어내는지는 비가 적게 내리는 이 지역에서 마침내 갈망하던 비가 내릴 때 분명하게 드러난다. "다른 때 같으면 여러 날에 걸쳐 내리던 비가 한 시간에 퍼부을 정도로 폭우가 내립니다. 그러나 이런 물을 땅속으로 잡아둘 나무도 없죠." 이 지역이 기후변화에 전혀 대비하지 못했다는 점은 집의 건축 방식에서 고스란히 읽을 수 있다. "우리의 전통 가옥은 시멘트가 아니라 점토로 짓습니다. 이런 집은 폭우를 견뎌낼 수 없죠." 무스타파는 나를 계곡으로 안내했다. 계곡에서는 몇몇 남자들이 지난번 폭우에 견디지 못하고 끊어진 수로를 돌보고 있다. 모로코 남부에서 폭우 같은 기상이변은 갈수록 잦아진다.

1 와르자자트의 타우리르트 카스바(Taourirt Kasbah, 모로코의 도기 유산을 보존하는 곳이다 — 옮긴이 주).
2 에르그 셰비의 낙타 카라반.

2

타우리르트 카스바의 성문 앞을 분주히 오가는 사람들.

1

2

4

3

1 마라케시 재단사의 실타래.

2 탕헤르의 메디나(구시가). 이곳의 좁은 골목길에서 옌스가
  방향감각을 찾기까지는 시간이 걸렸다.

3 세찬 비가 쏟아질 때 에르그 셰비의 빗방울에 파인 구멍에서
  는 온갖 생명체가 그야말로 폭발하듯 분출한다.

4 아틀라스에서는 당나귀와 버새를 여전히 수송 수단으로 쓴
  다. 사진 배경은 모로코에서 가장 높은 곳에 있는 물레이 하산
  1세 댐이다.

5 6

5 타우리르트 카스바를 보며 옌스는 마치 다른 시대의 소우주를 찾아온 것만 같았다.

6 탕헤르 메디나의 거리 풍경.

7 다데스 협곡은 아틀라스산맥에서 흘러내리는 물의 덕을 본다. 생명을 선물하는 이 핏줄이 없다면 이 황량한 지역이 번성할 수는 없으리라.

8 기후가 알맞은 곳을 찾아 여행하는 학은 모로코를 중간 기착지로만 찾는다. 학 말고도 이곳에서 알을 품는 새들이 있다.

9 아틀라스산맥의 동쪽 날개에 있는 미델트의 과수원에서 일하는 여인. 과일을 재배하는 물은 150미터 깊게 판 샘에서 나온다.

7 8

9

2006년의 폭우는 메르조가와 가까운 이 호텔을 폐허로 만들었다
이제 사막이 문 앞에서 노크를 한다.

그래도 다데스 협곡에 사는 주민은 지역에서 운이 좋은 편에 속한다. 혹시 다른 지방 사람들이 이런 행운을 시샘하는 것은 아닌지 나는 알고 싶었다. 무스타파는 껄껄 웃으며 밀짚모자를 바로 썼다. "3년 전에 여기서 10킬로미터 떨어진 부말렌이라는 작은 도시에 물이라고는 전혀 없었죠. 그곳 사람들은 통이란 통은 다 들고 자동차를 타고 와서 우리 물을 채워갔죠." 갈등과 다툼을 연상하게 하는 이야기다. 그렇지만 다시금 무스타파는 껄껄 웃었다. "당연히 우리는 그들에게 물을 줬죠. 그들을 목말라 죽게 버려둘 수는 없잖아요."

더 동쪽으로, 알제리와의 국경에 가까운 곳에서는 며칠 전부터 비가 사막에 내리기 시작했다. 메르조가의 북서쪽, 에르그 셰비*의 띠처럼 이어진 모래 언덕에는 이 폭우로 얕은 호수가 생겨났다. 이 호수는 철새의 중요한 중간 기착지 역할을 한다. 한밤중에 나는 눈을 붙일 수가 없었다. 강한 바람, 제트기 터빈에서 쏟아져 나오는 것 같은 뜨겁고 메마른 바람이 창문을 흔들어댔다. 바람은 새벽이 다 돼서야 비로소 잦아들어 불안한 잠에 빠졌다. 그러나 이내 이른 아침에 이동하는 철새들의 소리에 다시 깨어났다. 홍학 무리가 얕은 호수의 물가에 모였다. 개구리가 모래에 생긴 물구덩이를 폴짝거리며 뛰어다닌다. 지평선에서는 낙타 카라반이 나타났다. 돌연 나는 폐허가 되다시피 한 호텔의 전경을 보았다.

● Erg Chebbi, 모로코의 사막 지대를 이르는 지명이다. 에르그는 바람에 날려와 쌓인 모래로 뒤덮인 광대한 지역을 이르는 명칭이다.

1 모하메드 이브라히미는 사하라 사막을 잘 아는 유목민이다. 지금 그는 어떤 호텔의 야간 경비원으로 일한다.

1

폭우가 쏟아진 끝에 에르그 셰비 변두리에 호수가 생겨났다.
철새들은 이런 곳을 쉬어가는 휴게소로 여긴다.

1

1 사하라 유목민인 투아레그족의 텐트촌. 사하라를 찾는 관광
  객의 베이스캠프 구실을 한다. 관광업은 경제에는 축복이지
  만 가뜩이나 부족한 모로코의 물을 더욱 고갈시킨다.
2 사막의 바람에 말리는 옷감.
3 탕헤르 메디나의 향료 상인.

2

3

4 소년 농부가 다데스 협곡에서 그나마 시원한 이른 아침 시간에 밭일을 나간다.
5 아틀라스산맥 중간 고원지대를 지나는 양떼.
6 야자수 줄기를 엮어 만든 이 울타리는 사막이 더 커지는 것을 막아보려는 고육책이다.

호텔 수영장은 사하라의 모래로 채워졌다. 모래는 말 그대로 호텔의 모든 틈새로 비집고 들어왔다. 수영장에 모래 이전에는 물이 채워져 있었다는 사실을 나중에야 비로소 깨달았다. 2006년 5월, 기상이변으로 엄청난 폭우가 쏟아지면서 세 명이 목숨을 잃었다. 1,200명이 집을 잃었으며, 호텔을 비롯해 완전히 무너져버린 건물만 수백 채에 달했다.

"옛날에는 비가 주기적으로 왔죠. 최소한 일주일에 한 번은 비가 내렸어요. 여름을 포함해 일 년 내내. 수풀이 우거졌으며, 우리는 심지어 작게나마 농사도 지을 수 있었죠. 지금은 비가 드물게 내리는데, 왔다 하면 재앙이에요." 모하메드 이브라히미는 70대 남자다. 그는 지역의 마지막 유목민으로 아내와 아들 넷과 딸 열 명과 함께 염소들을 키우며, 이 동물이 먹이를 찾을 수 있는 곳이라면 어디든 옮겨다니며 살았다. 정말이지 힘든 삶이다. 바람이 불면 이브라히미는 천막을 거두고 더 나은 임시 거처를 찾아 헤매야만 했다. "바람은 모든 것에 모래를, 심지어 우리의 냄비에도 모래를 뿌렸죠." 그렇지만 노인은 아무리 허름한 집이라도 천막보다 훨씬 낫다고 말한다.

바람이야 항상 불던 것이 아니냐고 나는 물었다. "그렇기는 하지만 바람은 지금 훨씬 강해졌죠. 과거에 바람은 곧 비가 내린다는 전조였죠. 이제는 그렇지 않아요. 요새 부는 바람은 메말랐어요. 바람의 방향도 바뀌어 예전의 서쪽이 아니라 동쪽에서 불죠. 서쪽에서 부는 바람은 해안의 바람이라 비를 몰고 왔죠."

고향 땅에서 미래를 찾을 수 없다는 암담함이 극도로 위험하고 불안한 도피 시도를 하도록 자극

한다는 점은 100만 명의 피난민이 굶주림과 가난과 전쟁이 없는 인간다운 미래를 찾아 무작정 독일로 넘어온 2015년의 경험이 증명한다. 독일뿐만 아니라 유럽 전체가 난민으로 몸살을 앓았다. 피난민 행렬의 끝은 보이지 않는다. 기후변화가 세계적으로 어떤 영향을 미치는지 가늠하기란 실로 어려운 일이다.

그러나 분명한 사실은 인간이 살아가기에 필요한 자원이 부족해지는 탓에 갈등은 피할 수 없다는 점이다. 피난민은 앞으로 계속 늘어난다. 사람들이 빼곡하게 올라탄 보트를 타고 바다를 건널 엄두가 나지 않는 아프리카 난민은 모로코 내부의 스페인령 도시 세우타와 멜리야를 둘러싼 울타리, 대단히 높은 수준의 보안 장비를 장착한 울타리를 뛰어넘어야만 한다. 몇 달에 걸쳐 도보로 아프리카 중부를 거쳐 북부에 도착한 난민은 숲에서 국경을 넘을 기회를 하염없이 기다려야만 한다.

나는 그 경로를 직접 가보았다. 정말이지 힘들고 괴로운 길이었다. 너무 힘든 나머지 나는 아틀라스의 어떤 한적한 길에서 잠깐 쉬다가 자동차 스마트 키를 감싼 플라스틱을 망가뜨리고 말았다. 자동차 문은 무슨 수를 써도 열리지 않았다. 전자장치를 건드려보고 조금 열린 창틈 사이로 손을 집어넣기도 했지만 모든 노력이 허사였다. 나는 밖에 있고, 카메라 장비, 휴대폰, 식량 모두 차 안에 고스란히 남았다. 30분 뒤 사람들을 가득 태운 버스가 나를 보고 멈추었다. 몇몇 남자들이 나를 도우려 했지만 모든 시도가 수포로 돌아갔다. 가장 나이를 많이 먹은 베르베르인이 칼을 꺼내들고 칼날로 차문 잠금장치의 리모트컨트롤을 건드려 문을 여는

데 성공했다. 한결 가벼워진 마음으로 나는 계속 세우타를 향해 달리다가 문득 어떤 생각이 머리를 스쳤다. 나는 운전석의 창문을 내리고 운행하는 동안 손을 창밖으로 내밀어 바깥쪽 문손잡이를 만져보았다. 열쇠구멍에 손이 닿은 나는 웃음이 터지고 말았다. 문은 나도 간단히 열 수 있었을 것을.

모로코와 스페인의 국경에 도착할 때까지 좋은 기분은 지속되었다. 국경 울타리 뒤의 난민 수용소는 물론이고 유럽 대륙의 남쪽 꼬리도 시야에 선명하게 들어왔다. 침을 뱉으면 닿을 거리임에도 이곳 도로변에 하릴없이 앉아 있는 사람들에게 스페인은 요원하기만 한 나라다. 이곳의 아프리카 사람들은 국경 건너편의 화물터미널에 도착한 자동차 운반 트레일러에서 신제품 자동차가 속속 내려지는 것을 넋을 잃고 바라보았다. 중국 만리장성의 최신 버전처럼 보이는 국경의 보안 울타리 앞에 있는 야트막한 언덕 위에서 젊은 남자 두 명이 세우타를 하염없이 바라본다. 이들은 손에 물이 든 페트병과 천으로 감싼 흰 빵을 들었다. 시에라리온의 수도 프리타운 출신의 체르노르와 말리 출신의 우스만은 나와 기꺼이 대화를 나눌 자세를 보였다. 단 하나의 조건은 개인 신상이 드러나지 않게 해주는 것이다. 두 남자는 내 큰 딸 파울라보다 몇 살 위인 것처럼 보였다.

어떻게 해서 두 사람은 홀몸으로 고향을 떠날 생각을 했을까? 체르노르는 오랜 내전을 겪어 피폐해진 조국의 상황을 원인으로 꼽았다. "고향에서 저는 아무런 미래를 보지 못했어요." 그의 부모와 16명의 형제자매는 그가 유럽으로 건너가려 하는 사실을 모른다. 도보로 시에라리온, 기니, 말리,

알제리 그리고 모로코를 차례로 횡단한 그는 지금 일주일째 숲속에서 국경을 넘을 기회만 기다린다. 그는 결정적인 마지막 장애물을 극복하기 위해 몇 번이고 시도를 해야만 한다는 점을 잘 안다. 필요하다면 폭력이라도 불사할 생각이다. 그럼에도 수로에는 관심을 가지지 않는다. "밀항하기 위해서는 돈이 필요하지만 없어요. 게다가 저는 수영도 못 하고요."

1951년에 채택된 제네바 난민협약은 난민을 '인종, 종교, 국적, 특정 집단의 소속 또는 정치적 신념 등의 이유로 박해를 받는 근거를 가진 피난을 해야만 하는 사람'으로 정의한다. 이와 다른 문제로 고향을 떠나야 하는 경우를 난민협약은 예측하지 못했다. 이런 허점 때문에 2014년 뉴질랜드는 태평양 중서부의 섬나라 키리바시 출신인 이오아네 테이티오타Ioane Teitiota가 제출한 난민 인정 신청을 거부했다. 키리바시는 해수면 상승으로 수몰 위기에 처한 섬이다. 앞으로 국제사회는 시공간의 한계를 뛰어넘어 과연 정의라는 것이 무엇인지 하는 물음을 한층 더 심각하게 고민해야만 한다. 늘어나는 인구뿐만 아니라 인간이 사는 데 꼭 필요한 자원의 상실, 토지 이용 변경과 같은 생태계에 대한 인간의 영향 그리고 기후변화까지 다양한 이유로 갈수록 더 많은 사람들이 고향 땅에서 내몰릴 것으로 보이기 때문이다.

그리고 인간이 원인이 되어 일어나는 지구 환경의 변화는 앞으로 더욱 심해질 전망이다. 그동안 몇몇 과학자들은 대기화학자 파울 크뤼천*이 제창한

* Paul Crutzen, 1933년생의 네덜란드 출신 대기화학자다. 1995년에 노벨화학상을 받았다.

물레이 부셀함 항구의 아침 풍경.

개념 '인류세Anthropocene'를 공식적인 지질 시대 개념으로 사용할 것을 적극 지지하는 입장을 천명했다. 인간은 지구라는 별의 주민일 뿐만 아니라, 지금껏 찾아볼 수 없을 정도의 규모로 지구를 바꾸고 있기도 하다.

인류가 지구를 못쓰게 만들고 있다는 사실은 무슨 의미일까? 지구상에 살아가는 모든 생명체에 우리가 의식하고 감당해야만 하는 책임이 그만큼 크다는 것을 뜻한다. 고향 땅을 등지고서라도 안전한 곳에서 인간답게 살고자 분투하는 체르노르와 우스만에게도 우리는 책임감을 가지고 온정의 손길을 베풀어야만 한다.

1 아프리카의 스페인령 도시 세우타의 국경 울타리. 꿈의 땅 유럽이 시야에 들어온다.

1

기후와 윤리

파울라 슈타인게써(이하 슈타인게써) 존경하는 요슈타인 가아더 선생님, 《지구, 2084》에서 저와 나이가 똑같은 노라는 기후변화가 인간에게 그리고 우리 별 지구에 사는 모든 생명체에 어떤 영향을 끼칠지 짐작조차 하지 못했죠. 그러다가 꿈에서 증손녀 노바를 만났죠. 노바는 증조할머니 노라에게 어쩜 그렇게 무책임하게 행동했냐며 마구 비난을 퍼부어요. 증조할머니와 그 세대의 무책임한 행동 탓에 2084년 노바의 세상에서는 무수히 많은 생물 종이 멸종하고, 난민으로 위기가 일어나며 자원 부족과 굶주림으로 고통당한다면서요.
저는 2084년에 누구도 그런 세상에서 살지 않기만 간절히 바라요. 그래도 그렇게 되면 어쩌죠?

요슈타인 가아더(이하 가아더) 그 소설에서 나는 이야기를 보다 극적으로 꾸미려고 최악의 상황을 설정했죠. 이런 걸 두고 흔히 '최악의 시나리오'라 불러요. 소설에서 나는 해수면의 상승으로 섬이 가라앉고, 사람들이 굶주림에 시달리며, 무수히 많은 생물 종이 죽는 것을 묘사했어요. 이런 위험은 실제 큰 것이기는 하지만, 70년 뒤쯤에나 현실로 나타날 수 있죠. 물론 오늘날에도 인간과 동물과 식물은 기후변화 탓에 고통받습니다. 올해에는 산업혁명이 처음 시작되었을 때보다 지구의 평균온도가 섭씨 1도 더 올라갔어요.

슈타인게써 다음 세대를 위해 우리가 보존해야 하는 온전한 자연이 아직 남아 있기는 한가요?

가아더 1960년대에서 1980년대까지 환경보호단체들의 주된 관심은 온전한 자연을 인간의 손길로부터 지켜주는 것에 쏠렸죠. 오늘날 우리는 어떻게 해야 인간 사회를 환경의 영향으로부터 지킬 수 있을지 하는 문제도 고민해야 합니다. 언젠가는 식량과 물이 턱없이 부족해지고 공기가 나빠질 게 틀림없어요. 그때를 우리는 대비해야 해요. 인간은 열대림의 나무들을 베어버려 수백만 명이 살아가는 터전을 빼앗았어요. 이건 마치 우리가 올라탄 나뭇가지를 우리 손으로 잘라낸 것과 같아요.

슈타인게써 제 세대와 제 뒤에 오는 모든 세대에게 희망이 있나요?

가아더 그건 제가 아주 명확하게 대답해줄 수 있어요. "예!" 어떤 강연에서 저는 이렇게 말했습니다. "비관적이지 말자고 결심했습니다. 비관적인 태도는 허용될 수 없습니다. 비관론은 책임을 저버리는 태도와 같습니다. 다른 말로 하자면 게으른 태도입니다. 염려를 한다는 것이 비관과 같지는 않습니다. 비관과 낙관 사이에 다른 태도가 존재합니다. 우리는 그것을 희망이라 부릅니다. 그리고 이 희망을 실천에 옮기는 것을 우리는 투쟁이라고 합니다." 희망을 가지는 사람은 목표를 위해 노력합니다.

슈타인게써 사람들은 너무 늦어서야 깨달을까요?

가아더 그건 매우 현실적인 윤리 문제죠. 또 매우 중요하기도 하고요. 이 물음에 답할 수 있는 유일한 사람은 우리 자신입니다. 모든 것은 오로지 우리의 책임이죠.

슈타인게써 아빠는 모로코에서 고국을 떠나려고 몇 달을 도보로 걸어 모로코의 스페인령 도시 세우타의 국경까지 온 젊은 청년을 두 명 만났대요. 그런 사람이 기후 난민인가요? 기후 난민은 정확히 무슨 뜻이에요?

가아더 음, 그건 쉽게 말하기 어려운 문제네요. 정확히 무엇 때문에 인간의 고향을 떠나는지 알아내기는 간단한 일이 아니죠. 가뭄에 시달리거나 피해가 오래가는 재해는 대개 전쟁으로 이어져요. 자원 부족 탓에 전쟁이 일어난 예는 많기만 하죠. 국제법은 전쟁이나 독재자로 박해받고 보호를 찾는 사람을 받아들이는 것을 의무로 규정했어요.

그러나 기후 난민을 받아들여야만 한다는 법은 아직 없죠. 기후 난민을 부정적으로 보는 개념은 '경제 난민'이에요. 그러나 우리는 살아남기 위해 피난을 해야 한다는 것이 경제 문제라는 점을 잊고 있어요. 19세기 말에 노르웨이의 농부들은 그 좁은 계곡의 농토에서 굶주릴 수밖에 없었어요. 그래서 노르웨이를 떠나 미국에서 새로운 인생을 찾으려 했죠.

인간은 누구나 본능적으로 살아남으려 하는 욕구를 가져요. 또 앞으로 올 후손을 안전하게 지켜주고 싶어 하기도 하죠. 그러나 이런 기회를 누리지 못하는 사람은 너무 많아요. 지금 떠오른 적절한 비유는 비상대피로 없이 불타는 건물이에요. 우리 유럽 사람들은 지구에서 가장 큰 특권을 누린다는 점을 잊고 있어요. 파울라 양과 나는 기후변화의 영향을 맨 마지막에 느끼거든요. 이것만 해도 대단한 특권이죠.

슈타인게써 기후변화는 심각하게 받아들여야 하는 위협이죠. 그러나 많은 사람이 그렇게 생각하지 않아요.

가아더 나는 인류가 멸종하는 게 최선이라고 생각하는 사람을 만났어요. 그러나 나는 절대 그렇게 생각하지 않아요. 우리 인간이 사는 별 지구를 지키고 싶어요. 이 별은 우리가 없으면 전혀 다르게 될 거라고 생각하거든요. 나는 자연을 사랑해요. 그러나 우리 인간 역시 자연의 아주 소중한 부분이죠. 그리고 우리는 우주를 상상할 줄 아는 능력을 가졌어요. 정말 기적 같은 능력이죠. 우주에 우리처럼 지적 능력을 가진 존재는 더 없을 수 있어요. 바로 그래서 우리의 의무는 지구에서 살 수 있는 조건을 지켜주는 거예요. 환경보호운동은 언제나 휴머니즘을 함께 생각해야 해요. 환경보호와 휴머니즘은 서로 대립하는 게 아니에요.

슈타인게써 그러나 많은 사람이 지구의 다른 쪽에 사는 인간의 아픔을 잘 모르는 거 같아요. 그 아픔에 자신의 책임이 있다는 것도요. 왜 그렇죠?

가아더 내가 보기에 인간은 수평적으로 생각하고 행동하는 거 같아요. 다시 말해서 자신의 눈이 미치는 범위 안에서만 서로 아끼고 책임져주려고 하죠. 우리 인간은 본래 두 발로 걷기 시작하면서 주변에 맹수가 나타나는 게 아닌지 끊임없이 좌우를 살펴가며 경계하는 본성을 가졌어요. 또 자신의 후손만큼은 지켜주고 싶어 하죠. 하지만 아주 멀리 떨어져 눈에 보이지 않는 사람이거나, 다섯 혹은 열 세대쯤 떨어진 후손까지 책임져주려는 성향을 우리는 타고나지 않았어요.

슈타인게써 우리가 아주 먼 후손이나 전혀 알지 못하는 다른 나라의 사람에 대해 책임을 느끼는 법을 배울 수 있을까요?

가아더 보편적 인권 선언이라는 것은 1948년부터 있어왔죠. 우리는 생각과 의사표현의 자유 또는 종교를 자유롭게 고를 권리가 있다고 배웠죠. 그렇지만 이런 권리를 우리가 항상 속속들이 꿰고 있지는 않아요. 우리는 이런 기본 원칙을 일단 배워야죠. 인권선언 이후에 여성의 권리를, 더 나중에는 아이들의 권리를 인정해주는 생각이 차츰 자리를 잡아왔어요. 이제 한 걸음 더 나아가야 한다고 나는 생각해요. 우리는 인간의 권리만 주장할 게 아니라, 의무를 깨달아야 해요. 아마도 머지않은 미래에 우리 인간은 서로 머리를 맞대고 미래 세대의 보편적 권리 선언을 하게 될 거예요.

슈타인게써 그러나 그렇게 되기까지는 아주 오랜 시간이 걸릴 거 같아요. 저는 기후가 매우 느리게 변한다고 배웠어요. 지금 우리가 하는 일은 몇십 년 뒤에야 기후에 영향을 준다고 하더군요.

가아더 내가 파울라 양 나이 때에는 엄마, 아빠 그리고 선생님이 아이들을 때리는 걸 보았어요. 나는 그게 끔찍했지만 참았어요. 오늘날에는 어떤 아이가 매를 맞으면 우리는 당장 끼어들죠. 아이를 때리는 행동이 잘못된 거라고 배웠기 때문에 곧바로 반응하는 거예요. 인류의 역사 전체도 조금씩 성숙해가는, 아주 오래 걸리는 역사라고 나는 생각해요. 하지만 파울라 양이 한 가지만큼은 정확히 말했어요. 시간은 많이 남지 않았어요.

요슈타인 가아더
Jostein Gaarder

오슬로에서 철학과 신학과 문학을 공부했다. 오늘날에도 오슬로에 산다. 1993년 《소피의 세계》를 발표해 전 세계 54개 국어로 번역되는 대성공을 거두었다. 2013년에 그가 쓴 청소년 소설 《지구, 2084》(Anna. en fabel om klodens klima og miljø)는 우리가 지금의 소비 행동을 바꾸지 않는다면 2084년의 세계가 어떤 모습일지 하는 물음을 다룬 작품이다.

론 빙하. 빙하를 덮은 하얀 천은 햇빛을 반사시킨다.
원래는 눈이 내려 이 역할을 하는데, 알프스의 겨울이 따뜻해지면서 눈은 갈수록 드물어진다.

알프스

걸어서 이탈리아로

안 그래도 천천히 갈 수밖에 없어!

알프스

 면적 19만 912km²

 인구 약 1300만 명

 출생률 자료 없음.

 인구밀도 약 60(주민 수/km²)

 1인당 이산화탄소 배출량 자료 없음.

론 빙하

모르테라츄 빙하

알프스

장크트 안톤 암 아를베르크
(해발 1,284미터)

오스트리아

스위스

말스(해발 1,051미터)
(빈슈가우)

이탈리아

1 콘스탄츠 산장(해발 1,688미터)
2 하일브론 산장(해발 2,320미터)
3 갈튀어(해발 1,584미터)
4 하이델베르크 산장(해발 2,264미터)
5 프나(해발 1,637미터)
6 샤를(해발 1,810미터)
7 뤼(해발 1,910미터)

15 km

N

핌베르파스에 도착하기 직전.
이 고갯길의 정상은 해발 2,608미터로 우리의 알프스 횡단에서 가장 높은 곳이다.

장크트 안톤에서 콘스탄츠 산장까지

"그건 불가능해!" 우리가 묵은 펜션의 여주인은 고개를 절레절레 흔든다. 옌스는 100킬로그램의 장비를 트레일러와 배낭에 우겨넣는다. "왜 더 간단한 경로를 택하지 않고?" 펜션의 어떤 투숙객이 우리에게 물었다. 더 간단한 경로는 도로와 나란히 가는 레쉔파스라는 길이다. 우리는 알브레히트 루트*의 옛날 밀수꾼이 걷던 좁은 길을 가기로 결심했다. 물론 이 길이 힘들기는 하지만, 우리는 환상적으로 아름다운 고산지대의 풍경을 누리고 싶었다. 두 살인 프리다는 트레일러 안의 한 자리를 자동으로 예

* Albrechtroute, 독일 남부의 가르미슈파르텐키르헨에서 이탈리아의 가르다 호수까지 알프스를 횡단하는 코스다. 지금은 산악자전거 선수들이 즐겨 타는 코스다. 2004년에 이 코스를 개발한 안드레아스 알브레히트(Andreas Albrecht)의 이름을 땄다.

약 받았다. 한나와 미오는 옌스가 따로 제작한 보드, 바퀴를 달아 트레일러에 한쪽 끝을 고정한 보드를 타기로 했다. 이렇게 하면 오름길에서 오래 걸린 시간을 내리막에서 상쇄할 수 있을 것으로 우리는 예상했다. 시간은 알프스 횡단의 성패를 가를 중요한 요소다. 만일 하루 만에 목표로 한 중간 지점의 산장에 도착하지 못하면 어쩔 것인가? 알프스는 유럽에서 가장 높은 산이다. 허튼 자신감은 치명적 결과를 부를 수 있다. 그래서 우리는 신중하게 캠핑 장비와 비상식량 그리고 코펠을 챙겼다. 그밖에도 두툼한 옷가지와 구급약품 그리고 물론 카메라 장비까지. 우리가 장크트 안톤에서 짐을 잔뜩 실은 당나귀처럼 출발했을 때 펜션의 여주인은 행운을 빌어주었다. "도착하면 연락 줘요. 정말 해냈는지 궁금하니까."

알프스는 자연이든 문화든 유럽 중심을 상징하는 공간이다. 알프스의 아주 예민한 생태계는 기후변화에 특히 심각한 영향을 받는다. 지난 100년 동안의 측정 데이터는 알프스 동부 지역의 기온이 평균적으로 이미 섭씨 2도 상승했음을 보여준다. 별거 아닌 것처럼 들리겠지만, 현장에서 상황의 위중함은 드라마처럼 펼쳐진다. 지역의 '체온계'인 알프스 빙하는 1850년부터 지금까지 그 부피의 60퍼센트를 잃었다. 식물과 동물을 비롯한 전체 생태계는 물론이고 빈슈가우의 과수원과 같은 인간의 경제 활동 그리고 인간 자신 역시 빙하가 흘려보내주는 물에 의존한다. 고도별로 나눠진 생태계는 갈수록 알프스 정상 쪽으로 올라간다. 영구동토가 녹으면서 낙석과 산사태의 위험은 엄청나게 높아졌다. 알프스를 덮은 눈은 인공강설로 계속 보충해도 안

1

전을 확보하기 어려워 겨울 스포츠가 위축된다. 많은 다른 생태계와 마찬가지로 알프스 공간 역시 집중적인 토지 이용으로 압력을 받는다. 앞으로 지역 주민은 상상으로만 그려보던 변화를 혹독하게 체감할 게 분명하다. 기후변화가 미래를 어떻게 바꾸어 놓을지 우리는 이번 횡단을 통해 알아내고 싶었다. 빈슈가우 상부의 말스라는 작은 마을 주민들은 시민운동단체를 결성해 과수원 주인들의 강력한 로비와 맞서 싸운다.

"다른 걸로도 얼마든지 먹고살 수 있다!" 과일 농사가 아니더라도, 이를테면 세계 최고의 피자로 말스가 얼마든지 경제적 여유를 누릴 수 있다는 주장이다. 내가 보기에 이런 접근방식은 단순한 미끼 이상으로 설득력이 있다.

콘스탄츠 산장에서 하일브론 산장까지

다음 날의 목표 구간에 도전하기 위해 출발할 때 우리는 산장의 마지막 투숙객이었다. 미오는 망원경을 손에서 놓지 않고 알프스 마멋과 산양과 영양과 수리가 있는지 지치지도 않고 살핀다. 옌스와 나는 몸이 날아갈 것처럼 가벼웠다. 점심 휴식을 위해 우리는 바람을 피할 수 있는 장소를 찾았다. 모든 일이 순조롭기는 했지만, 어딘지 모르게 야생과는 거리가 멀게 느껴지는 점이 나는 살짝 아쉬웠다. 스파게티 면이 '알 덴테', 곧 적당한 식감을 자랑할 정도로 익어갈 무렵, 첫 번째 구름이 몰려왔다.

1 파울라는 버려둔 트레일러를 가지러 계곡을 다시 뛰어 내려갔다.
2 우리 가족 카라반. 저마다 들고 당기고 끌면서 산길을 올랐다.

2

1

2

4

3

1 아침 양치를 하는 프리다.
2 길 안내판에 쓰인 소요시간을 우리는 편안한 마음으로 무시 했다. 시간은 도착하고 보면 항상 그 세 배였으니까.
3 우리는 오늘까지도 이 이상한 행동을 보인 마멋이 혹시 약물 에 중독된 게 아닐까 하는 의구심을 지울 수 없다.
4 마침내 눈이다! 하일브론 산장을 얼마 남겨두지 않은 지점에 서 우리는 눈밭을 발견하고 길을 벗어났다. 지난겨울이 남겨 놓은 눈에 우리는 발자국을 남기고 싶었기 때문이다.

5   6

5 한나는 입으로 바람을 불어 꽃씨를 멀리 날려 보냈다.

6 파울라는 이번 산행에서 어른 한 사람의 몫을 감당해주었다.
   힘든 등반이었음에도 아이들은 단결된 모습을 보여주었다.
   알프스 횡단은 우리가 했던 여행 가운데 가장 아름다운 추억
   이다.

7 프나에 도착하기 직전에 만난 말의 파라다이스.

8 해발 2,300미터의 척박한 토양에 피어난 돌나물 꽃.

9 오랜 산행 끝에 즐기는 카드놀이. 심지어 평소 카드놀이에 별
   관심이 없던 프리다도 동참했다.

7   8

9

핌베르파스를 통과하고 난 뒤 우리는 정말 힘든 구간을 만났다.
이런 길에서 트레일러를 미는 것은 진짜 고역이었다.

이내 속속 밀려드는 먹구름으로 하늘은 시커매졌다.

빗방울이 쏟아지는 가운데 우리는 커다란 바위로 막힌 계곡 길에서 짐을 가득 실은 트레일러를 밀었다. 어디가 길인지 제대로 가리기 힘들었다. 나는 정말 힘들었지만, 아직 하일브론 산장으로 오르는 길은 시작조차 하지 않았다. "우리 다 온 거야?" 한나가 물어본다. 아이들이 이런 물음을 하고도 남을 때다. 파울라는 프리다를 등에 업고 돌투성이의 비탈길을 올랐다. 옌스는 카메라 장비를 지고 한나의 손을 잡아 이끈다. 나는 트레일러 사이를 오가며 앞의 것을 밀고 뒤의 것을 끌어주며 안간힘을 썼지만, 우리 일행은 달팽이의 속도 이상을 낼 수 없다. 이제는 산꼭대기 쪽에서도 천둥소리가 들린다. 곧 폭우가 쏟아지리라는 조짐이다! 아, 나는 트레일러를 얼마나 저주했던가.

서둘러 머릿속으로 나는 이 트레일러들을 처분할 방법을 생각했다. '캠핑 장비를 가득 실은 두 개의 자전거 트레일러를 공짜로 드립니다. 다만 조건이 있어요. 손수 가져가셔요!' 하일브론 산장으로 올라가는 길은 험하고 가팔랐다. 길이 너무 좁아지는 바람에 우리는 실제로 트레일러를 세워둘 수밖에 없었다. 일단 아이들을 산장으로 들여보내고 따

1 아이들은 넘어가야 할 시냇물만 만나면 즐거워했다.

뜻한 음식으로 배부터 채우게 하는 것이 급선무다. 산악자전거를 타고 가던 어떤 남자가 보기에 안쓰러웠는지 우리 배낭 가운데 하나를 걸머졌다. 정말이지 친절한 사람이었다. 산장에서 식사를 하고 난 뒤 남자는 옌스와 함께 다시 길을 내려가 버려둔 트레일러 가운데 하나를 가져왔다. 다른 하나는 무사히 밤을 보내도록 그저 운명에 맡겨둘 수밖에 없었다.

하일브론 산장에서 갈퇴어까지

"파울라, 어떤 게 좋겠어? 산장에서 동생들을 보살필래, 아니면 아빠와 함께 계곡에 버려둔 트레일러를 가지러 갈래?" 파울라의 선택은 분명했다. 둘이 계곡으로 뛰어 내려갔을 때 나는 내심 트레일러가 사라지고 말았기를 바랐다. 알프스 횡단은 그만두자. 포기한 건 아니다, 분명 그건 아니다! 이런 악천후에 아이들을 계속 노출시킬 수는 없다. 자연의 불가항력에 맞서는 건 어리석다. 그러나 미오와 한나와 프리다는 옌스와 파울라가 트레일러를 가지고 멀리서 모습을 나타내자 환호성을 질렀다. 아이들은 다시금 활력이 넘친다.

"아니 지금 그런 식으로 놀러 다니는 거요?" 산장 주인이 물었다. 우리는 기후변화를 아이들에게 몸소 체험하게 해주기 위해 산행을 하고 있다고 대답했다. 그러자 산장 주인은 자신 있게 말했다. "기후변화? 그런 건 다행히도 우리에게는 없는데! 겨울에 눈이 예년에 비해 좀 덜 내린다는 것만 빼면. 물론 사계절이 조금씩 달라진다는 느낌도 없지는 않아. 몇 년 전부터 겨울 다음에 바로 여름이 이어지거든. 봄과 가을이 사라져버렸다고 할까.

갓 요리한 파스타를 배불리 먹고 파울라는
힘든 여정을 굳건히 이겨내고 도운 공로로 달콤한 낮잠을 누렸다.

오스트리아 쪽에서 국경을 바라보는 행군.
이 알프스 고원지대는 케이블카로 레히 빙하의 스키 코스와 연결되었다.

1

1 농부가 건초를 만들기 위해 풀을 베기 시작했다. 우리에게 좋은 조짐이다. 거의 매일 몰아치던 소나기가 물러가는 것이기 때문이다.

2 콘스탄츠 산장에서 출발하는 모습. 여전히 우리의 짐은 엄청나다. 모든 짐을 빠짐없이 챙겨 출발하기까지 적지 않은 시간이 걸렸다.

2

3

4

3 갓 두 살이 된 프리다는 지구력이 뛰어난 등반가 자질을 유감없이 자랑했다.

4 굼벵이처럼 전진하다. 돌이 가득하고 좁은 이 길에서 트레일러를 끌고 가는 것은 정말 힘들었다. 옌스와 나는 끌고 당겼고 심지어 트레일러를 들어야 하는 경우도 많았다.

5 계곡의 신선한 물은 힘든 등반 가운데 누리는 최고의 보상이다.

6 옌스가 카메라 장비를 담은 배낭을 메고 이 바위 길에서 트레일러를 밀고 있다. 등산화는 밑창이 벌어져 정말 험한 길에서만 신었을 뿐, 그는 내내 맨발이었다.

5

6

프리다가 태어난 2010년이 암벽에 크게 쓰여 있다.
모르테라츄 빙하가 2010년에는 여기까지 밀려 내려왔다는 표시다.

삼 주 전만 해도 산장 문을 열 때마다 계곡 물이 흘러내리다 만나 생긴 물웅덩이가 파랬어. 그러다가 갑자기 추워지더군. 닷새 동안 눈이 내리고, 기온은 섭씨 영하 9도라 웅덩이의 물이 꽁꽁 얼어붙었더군. 이건 정말 이해할 수 없는 일이야!" 많은 사람은 오로지 언론에서 보도하는 재해만 기후변화 탓으로 여기는 것일까? 충분히 그럴 수 있다. 자기 집의 문 앞에서 벌어지는 변화를 우리는 기후변화와 연결시키지 않으려 한다. 시공간적으로 멀리 떨어진 재해를 사람들은 별 거 아니라고 무시하기 일쑤다.

1

갈튀어로 향하는 길은 다행히도 내리막길이다. 우리는 트레일러 안에 미오와 한나와 프리다를 태웠다. 파울라와 나는 보드에 올라타고 신나게 길을 내려갔다. 다만 사진사 옌스만 이 기묘한 카라반을 뒤에서 헐떡거리며 따라온다. 이렇게 해서 우리는 상당한 거리를 주파했다. 아이들은 코끝을 스치고 가는 바람에 신이 나서 소리를 지른다. 이따금 쏟아지는 소나기 탓에 우리는 휴식을 취했을 뿐이다. 옌스의 등산화에는 물이 찼지만 그는 개의치 않았다. 이런 방심은 후유증을 남겼다. 갈튀어에 도착했을 때 등산화는 밑창이 떨어져 입을 벌렸다. 그밖에도 우리는 목표를 몇 미터 남기고 너무 무거운 하중이 걸린 트레일러에 제동을 걸다가 브레이크가 파열되고 말았다. 어쩔 수 없이 갈튀어에서 쉬어야만 한다. 아니면 여기서 끝인가?

보덴알페를 걸어 갈튀어에서 하이델베르크 산장까지

옌스에게 가족과 함께하는 알프스 횡단은 오랫동안 품어온 꿈이다. 그는 사흘 동안 발에 난 상처를 다시 낫게 하려고 안간힘을 썼다. 트레일러의 망가진 제동장치를 고치고 옌스가 다시 등산화를 신을 수 있어야 다시 출발할 수 있다. 어쩔 수 없는 이 휴식 동안 우리는 횡단 계획을 다시 검토해보았다. 우리가 이 짐을 가지고 핌베르파스를 넘을 수는 없다. 결국 캠핑 장비를 포기하기로 했다. 먼 거리를 소화하지 못하고 중간에 계속 숙소 신세를 져야만 한다는 뜻이다. 50킬로그램의 장비를 우리는 고향 주소로 우송시켰다. 옌스는 셋째 날 저녁에 선언했다. "내일 다시 출발하자. 지금은 상처 때문에 양말을 신을 수가 없으니 슬리퍼를 구

1 알프스의 눈발 사이로 자태를 드러낸 사하라 모래. 암석의 철분 성분이 공기와 접촉해 녹슬어 붉은색을 띤 것이 사하라 모래와 흡사하다.

215

해야겠어." 미오와 나는 갈튀어의 모든 상점을 뒤졌으나 슬리퍼를 구할 수 없었다. 어쩔 수 없이 옌스는 상처가 다 나을 때까지 맨발로 횡단하기로 했다.

하이델베르크 산장으로 오르는 길에 우리는 다시금 햇살을 맛보았다. 어떤 겁 없는 마멋이 미오와 파울라가 손을 뻗으면 만질 수 있을 정도로 가깝게 다가오는 것을 즐겼다. 그동안 옌스와 나는 헬리콥터가 꼬리에 꼬리를 물고 피츠 팔 그론다에 새로운, 난방이 가능한 케이블카 스테이션을 짓기 위한 건축 자재를 운반하는 모습을 지켜보았다. 벌써 몇십 년째 알프스 동호회와 자연보호 운동가들은 논란이 많은 이 관광개발계획에 맞서 싸웠다. 그러나 케이블카 회사인 질브레타 자일반 주식회사는 2012년 환경평가 테스트도 받지 않고 건축 계획을 실행에 옮겨도 좋다는 허가를 얻어냈다. 2013년 성

탄절 시기부터 케이블카는 한 번 운행할 때마다 최대 150명까지 하이델베르크 산장 주변의 알프스 고산지대로 실어 나를 예정이다. 이 지역에서 기술 개발은 이것이 첫 번째 사례다.

우리는 이제 조금만 더 가면 목적지에 도착한다고 안도했다. 이제 핌베르파스를 넘어 약간만 비탈길을 내려가면 된다……. 이 얼마나 순진한 기대였던가.

하이델베르크 산장에서 프나까지

13번째. 금요일은 아니다. 우리 부부의 13번째 결혼기념일이다. 옌스는 어제 저녁에 이미 짐이 가득 실린 트레일러를 오늘 걸을 구간의 중간 지점에 가져다놓았다. 그 덕에 우리는 아침을 배불리 먹는 여유를 누렸다. 잠을 충분히 자서 몸도 날아갈 것

1

처럼 가벼웠다. 다만 산악자전거 라이더의 말이 우리를 심란하게 만들었다. "그 험한 고갯길을 넘겠다고? 포기하는 게 좋을 텐데!" 그래도 우리는 올라갔다. 우리는 오늘 걸어야 할 코스를 세 구간으로 나누어 시도하기로 했다. 먼저 아이들을 데려다놓고 남편과 내가 짐을 옮긴 다음, 마지막으로 빈 트레일러를 가져왔다. 트레일러는 길이 워낙 자갈밭이라 짐을 실은 채로 끌거나 밀 수가 없었다. 아이들은 이런 방식을 아주 좋아했다. 우리가 몇 차례나 구간을 오가며 진땀을 흘리는 동안, 아이들은 군것질거리를 마음껏 먹을 수 있었기 때문이다.

드디어 첫 번째 눈밭이 시야에 들어오자 아이들을 멈추게 할 방법은 없었다. 나는 마지막 남은 힘을 쥐어짜 우리가 계획한 알프스 횡단 코스의 가장 높은 지점, 해발고도 2,608미터의 핌베르파스

에 올랐다. 해냈다! 우리는 아이들과 함께 환호성을 질렀다. 자신의 힘으로 해냈다는 기쁨이 가슴을 벅차게 만든다. 지금부터 내리막길이 자갈밭이라 더욱 힘들어진다는 사실을 우리는 잘 알았다. 그러나 가파르고 미끄럽다는 것까지는 몰랐다. 이번에는 아이들이 구간을 세 번씩 오갔다. 바위를 타고 오르는가 하면, 서로 나 잡아봐라 하고 뛰며 아이들은 우리의 정신을 쏙 빼놓았다. 가파른 가운데서 좀 평평한 부분을 만나자 우리는 점심 휴식을 누렸다. 옌스가 물병으로 식탁처럼 자리를 만들었고, 나는 그 위에 준비해온 음식물을 깔았다. 아이쿠, 이런! 토스트니 과일이니 할 것 없이 모두 짓눌려 버렸다! 그럼에도 우리 아이들은 모이를 쪼

1,2 론 빙하 속 얼음동굴 모습.

2

이 귀중한 자원은 아주 아름답기까지 하다.

는 새들처럼 부지런히 먹어댔다. 이제 프나까지는 얼마 걸리지 않으리라. 그래도 옌스는 신중한 태도를 보였다. 다시 출발하고 얼마 지나지 않아 나는 빈 트레일러를 잡고 내려가다가 미끄러지고 말았다. 있는 힘을 다해 트레일러를 잡았지만 몸은 자갈밭 위를 사정없이 굴렀다. 이런 아찔한 상황에서 나를 구해준 것은 옌스의 손이었다. 나는 울컥 눈물이 솟았다. 완전히 탈진한 상태라서 이런 상황에 화도 났다. 아이들과 알프스 횡단을 하자고 했던 생각에, 항상 나쁘지 않다고 여겼던 내 몸 상태에 부글부글 화가 끓었다. 원래 이 아이디어를 냈던 남편, 내 옆에서 마치 도시공원을 산책하듯 걷는 남편에게도 화가 났다. 맨발로 걷는 모습에 분통이 터지며 마음속으로 여러 차례나 이혼할 거라고 외쳤다. 그러나 천진난만하게 웃고 떠드는 아이들을 뒤돌아보는 순간 이런 화는 깨끗이 씻겼다. 이처럼 사랑스러운 아이들을 두고 어디를 간단 말인가? 우리가 프나에 도착했을 때 나는 좋지 않던 기분은 말끔히 털어버렸다.

우리가 도착한 곳은 그 어딘가가 아니라 바로 천국이었다. 나는 이후로도 이 순간을 오래도록 잊

지 못했다. 산장의 여주인 울리케에게 가족이 묵을 방이 있냐고 물어보았을 때 나는 천사가 얼굴을 마주본다는 느낌을 받았다. 울리케는 우리 가족을 위해 요리를, 아니 마법을 보여주었다. 이보다 맛있는 음식을 우리 가족은 먹은 기억이 없다. 침대는 부드럽기가 구름 같았고, 샤워 물은 따스했다. 레모네이드는 달았으며, 이날 저녁에 마신 와인은 몽환적이었다.

이탈리아로 피자를 먹으러 가다

우리는 계곡으로 트레일러를 밀고 달리면서 모두 한마음으로 목청 높여 노래를 불렀다. 며칠 뒤 드디어 이탈리아 국경에 도착해 마침내 최종 목적지에 이르렀다. 이곳 산 아래 빈슈가우 마을은 사과나무들이 늘어선 과수원 풍경으로 전혀 다른 알프스 면모를 자랑한다. 눈길이 닿는 곳마다 사과나무다. 물이 귀한 이 계곡에서 이처럼 사과나무를 집중적으로 키우려다 보니 인공관개는 필수다. 빙하가 녹아 사라지고 있으니 앞으로 물은 더욱 귀해지리라.

21세기 말쯤에 지역의 평균적인 기온 상승은 섭씨 3에서 4도 정도에 이를 전망이다. 그럼 알프스 빙하는 완전히 사라지게 된다. 강수량은 꾸준한 수준을 유지하기는 하지만, 여름의 기록적인 폭염이 잦아지면서 수분 증발은 더욱 빨라진다. 날씨에 영향을 받는 빙하 역시 이런 이상기후로 직접적인 타격을 받는다. 여름은 너무 덥고, 겨울에는 다시 빙하의 몸집을 키울 눈이 너무 적게 내린다. 빙하라는 하얀 거물은 균형을 잃을 수밖에 없다.

그럼에도 많은 사람이 환호한다. 기후변화로 이

1 말스는 시민운동이 사회의 본질적 변화를 이루어내는 역사를 쓴다. '변혁 속의 산'이라는 문구가 쓰여 있다.

제 빈슈가우의 상부에도 사과 농사를 지을 수 있다는 발상은 적어도 이론적으로 가능하다. 실제 농업은 그런 쪽으로 계획을 세우고 있다. 오죽했으면 인구 5,000명의 작은 마을 말스에서 몇몇 주민이 반기를 들고 일어났을까. 단일 식물을 집중적으로 키우는 단일재배는 인공비료와 살충제를 통해서만 가능하다. 이런 화학물질은 과수원 경계를 지키지 않으며 토양에 스며들고 물을 오염시키며 바람에 실려 유기농 농부의 농토를 침범할 뿐만 아니라, 학교 운동장과 정원도 공격한다. 바로 그래서 눈이 밝은 말스 주민은 농업의 로비에 거세게 반발한다. 집집마다 벽에 현수막이 걸렸다.

"독물 없는 고향을 위하여."

이 운동은 애초에 말스에 사는 여성 네 명이 주도했다. 처음에는 이런 정치적 저항이 과연 효과가 있을까 의구심을 품고 시작한 운동은 이내 지역의 전폭적인 지지를 받았다. 아이들은 물론이고 말스 주민 모두의 건강과 지역 삶의 질이 걸린 문제라는 인식이 강한 호소력을 발휘했기 때문이다. 그러자 누구도 가능하다고 여기지 않던 일이 일어났다. 2014년 말스 주민은 첫 번째 국민투표를 통해 지역의 토지에 모든 인공적 화학비료와 살충제의 사용을 금지하는 결의안을 통과시켰다. 다만 이 결의안은 아직도 지역의회를 넘어서지 못했다. 그러나 '갈리아 혈통을 자랑하는 말스 주민'은 변혁의 길을 단호히 밀어붙이리라. 주민은 72퍼센트라는 압도적인 지지로 옛 시장을 다시 선출시켜 자연친화적이고 지속적인 정책을 계속 펼치도록 청신호를 주었다.

아, 참 그리고 우리가 두 주 전부터 입맛을 다셔온 말스의 '세계 최고 피자'는 어땠냐고? 정말이지 기대 이상으로 훌륭했다.

빈슈가우, 마침내 목적지에 도착했다!

유럽의 급수탑

마 틴 베 니 스 턴

유럽의 알프스는 지구의 중위도 지역에 있는 수많은 산들과 마찬가지로 빙하와 계절에 따른 눈 덮임을 자랑하는 산맥이다. 눈과 얼음은 알프스에서 발원하는 강, 이를테면 라인강, 론강, 포강의 수량에 결정적인 역할을 한다. 실제로 알프스에서 발원하는 강의 수량이 가장 크게 늘어날 때는 겨울에 내려 얼어붙은 눈이 녹기 시작하는 봄에서 초여름까지다. 이때 강의 수량은 최고조로 불어난다. 뜨겁고 메마른 늦여름에도 빙하의 녹은 물 덕분에 강은 계속해서 높은 수위를 자랑한다. 오늘날의 기후 조건에서 알프스 강들이 무더운 여름은 물론이고 일 년 내내 마르지 않는 결정적 이유는 바로 알프스의 눈과 얼음 덕분이다. 이런 사실은 수량이 많지 않은 다른 지역의 강과 비교하면 두드러지게 드러난다.

이 산악지대는 유럽 대륙 면적의 거의 20퍼센트를 차지한다. 강은 산악에서 발원하기 때문에 세계 인구가 필요로 하는 물의 50퍼센트는 산이 공급한다고 보아야 한다. 알프스는 유럽에서 식수 공급을 떠받치는 근간이다. 알프스에서 발원하는 강들은 직간접적으로 수천만 명의 사람에게 물을 공급해주기 때문이다. 론강 삼각주(스위스와 프랑스)와 포강 삼각주(이탈리아)는 약 1500만 명에게, 유럽 대륙을 관통하는 라인강은 그 주변(스위스, 독일, 프랑스, 네덜란드)의 5000만 명에게, 그리고 간접적으로는 인강과 도나우강을 통해 유럽 중부와 동유럽의 8000만 명에게 물을 제공한다. 알프스를 두고 유럽의 급수탑이라고 부르는 표현은 아주 꼭 들어맞는다.

새로운 기후 조건은 향후 10년 동안 이런 그림을 확 바꾸어놓을 가능성이 크다. 알프스 지역의 강수량과 기온 모델의 지속적인 변화는 눈과 얼음에 직접적인 영향을 주어 이 지역의 강들이 수자원을 공급하는 특성에 피할 수 없는 결과를 초래한다. 다시 말해서 알프스 지역뿐만 아니라 강 하류의 지대에도 물의 확보와 이용은 크게 위축될 수밖에 없다. 기후 모델은 2100년에 기온이 모든 계절에서 지금보다 섭씨 6도까지 오를 것으로 전망한다. 알프스 지역의 기온 상승은 주로 미래의 온실가스 배출 수준이 그 원인으로 여겨진다. 그리고 국제적인 기후 협상에서 어떤 결정이 내려지느냐에 따라 이 온실가스 배출 정도가 달라진다. 대다수의 모델은 공통적으로 알프스 지역의 강수량이 보이는 계절적 차이가 달라질 것으로 지적한다. 이는 곧 겨울에 강수량이 많고 여름에 줄어들던 지중해 기후, 다시 말해서 온화하고 습한 겨울과 뜨겁고 메마른 여름이라는 패턴이 북상하면서 알프스에서 물을 공급받던 유럽 전체가 물 부족에 시달릴 수밖에 없다는 진단이다.

열기와 습도의 이런 변화는 피할 수 없이 산맥 위 눈과 얼음에 영향을 미친다. 기온이 높아지면서 눈과 얼음이 녹을 수밖에 없기 때문이다. 이처럼 기온이 상승하면서 겨울에는 눈이 적게 내려 얼음의 부피가 작아진다. 물론 해발고도가 아주 높은 곳은 예외다. 이런 곳에서는 강수량이 조금만 늘어나도 작은 면적에 눈이 많이 쌓인다. 평균기온이 섭씨 1도 올라갈 때마다 눈이 덮이는 해발고도는 150미터씩 높아진다. 현재 800에서 1,200미터 해발고도에 달하는 설선(雪線), 곧 만년설이 쌓이는 부분과 그렇지 않은 부분의 경계선은 앞서의 모델이 예상한 섭씨 4도의 온도 상승을 맞으면 1,500미터에서 1,800미터까지 더 올라간다.

향후 10년 동안 빙하가 녹는 속도는 계속 빨라지리라는 것이 과학자들의 전망이다. 이로써 빙하는 눈이 쌓여 얼음이 되는 부분과 녹아내리는 부분이 갈라져 균형을 잃는다. 이렇게 되는 지점의 해발고도 역시 600에서 800미터 상승한다. 이런 고도 상승은 많은 작은 빙하들이 완전하게 사라짐을 의미한다. 눈이 쌓여 어는 부분이 너무 작아져 아래쪽 계곡에서 얼음은 지탱될 수 없기 때문이다. 게다가 기후 모델이 예측하는 매우 덥고 메마른 여름은 모든 빙하의 핵심을 이루는 얼음을 녹여버려 빙하가 녹는 속도를 더욱 끌어올린다. 이런 현상이 적용되지 않는 예외는 오늘날 가장 큰 빙하, 곧 스위스의 알레치 빙하와 고르너 빙하 그리고 프랑스 몽블랑산의 메르 드 글라스뿐이다.

알프스 환경의 인상적인 풍경이 사라지는 것은 물론이고 빙하가 그 부피를 잃는 손실은 라인강과 론강의 수리적(水理的) 성격에 커다란 영향을 미친다. 겨울의 강수량 증가로 늘어났던 얼음이 일찌감치 녹아버리면서 오늘날과 비교해 하천에 흐르는 물의 양은 늘어나겠지만, 이에 반해 미래의 무덥고 메마른 여름은 늦봄과 여름의 얼음 부피를 대폭 상실되게 만들어 지난 20세기와 비교할 때 강에 흐르는 물의 양은 70퍼센트에서 80퍼센트까지 줄어든다.

강물에서 일어나는 이런 변화는 알프스 지역은 물론이고 하류의 유럽 지역에서 물에 의존도가 높은 경제 분야에 심대한 영향을 미친다. 농업과 관광과 산업과 에너지 생산(수력발전소뿐만 아니라 화력이나 원자력 발전에도 물은 반드시 필요하다)은 이로써 심각한 타격을 받는다. 이런 모든 분야는 물이 풍부한 한에서는 문제될 게 없다. 그러나 수자원이 이처럼 사라지게 되면, 각 분야는 저마다 물을 차지하기 위해 치열한 다툼을 벌일 게 분명하다. 이런 갈등을 피하기 위해서는 이미 오늘날 내일의 세계를 위한 수자원 관리 계획을 수립하고 실천에 옮기는 일이 반드시 이뤄져야만 한다. 알프스가 지금은 유럽의 급수탑 노릇을 충분히 한다 할지라도 미래에 이 모든 경제 분야가 수자원을 활용할 수 있기 위해서는 물 분배의 새로운 규칙, 모두가 수용할 수 있는 규칙은 반드시 필요하다.

마틴 베니스턴
Prof. Dr. Martin Beniston

제네바 대학교 환경과학연구소의 소장이자 정교수다. 기후 변화에 관한 정부간 협의체(IPCC)의 보고서 작성에 저자로 활발하게 참여해 2007년 IPCC와 그 주요 저자들에게 주어진 노벨평화상을 공동으로 수상했다.

말헨에 있는 우리 집 바로 뒤의 숲.

오덴발트

현관 앞의 모험

올해의 첫 번째 '맨발의 날',
한나는 맨발로 바위의 바다 펠젠메르의 바위 위에 올랐다.

오덴발트

 면적 2,500km²

 인구 약 9만 6,000명(헤센 남부와 바이에른과 바덴을 아우른 전체 지역 인구)

 출생률 8.5(매년 인구 1,000명당 태어나는 신생아)

 인구밀도 154(주민 수/km², 오덴발트 지역 전체)

 1인당 이산화탄소 배출량 연간 9.5톤 (독일)

작은 기적. 너도밤나무의 싹이 낙엽 속에서 해를 향해 고개를 내밀었다.

몇 년에 걸쳐 여행한 뒤에 우리는 집 현관 앞의 세상을 돌아보기로 합의했다. 유네스코가 지정한 게오 자연공원은 글자 그대로 우리 집 바로 뒤에 있는데, 라인 평원에서 시작해 베르크슈트라세의 따뜻한 구릉지대를 거쳐 미텔게비르게까지 펼쳐진다. 광활한 숲, 과수원, 하천, 호수, 늪지대, 마을, 고성으로 풍경은 끝없는 구경거리를 자랑한다. 물론 우리는 알프스 횡단 때와 마찬가지 물음을 해결해야만 했다. 긴 하루 구간에서 지친 아이들을 어찌 돌보고 짐은 어떻게 옮길 것인가?

이번에 쓸 이동수단은 바로 문 앞에 서 있다. 아이슬란드 출신 망아지 팔라디스Fjalladís와 스펭크Spöng, 알프스에서 톡톡히 검증된 트레일러와 자전거면 여행은 충분하다. 한 구간은 배터리로 작동되는 화물용 수레로 주파하기로 했다. 이것은 이번 여행을 위해 이웃에서 빌렸다. 그동안의 경험에 비추어 여행 목적은 분명했다. 지금 우리가 살아가는 모습을 자세히 들여다보고 내일의 세상을 의식하면서 낡은 습관을 깨고 새롭게 바꾸어낼 수 있는 것에 무엇이 있는지 나는 알아내고 싶었다. 우리가 확고하게 채식을 위주로 하며, 유기농과 제철의 로컬푸드를 먹고 쓰레기를 철저히 분리수거하며 자동차도 최대한 운행을 자제하며 아이들의 옷도 되도록 돌려가며 오래 입힌 뒤에도 벼룩시장에 내놓아 새 주인을 찾게 한다 할지라도 우리의 생태발자국은 여전히 충격적일 정도로 크기만 하다.

우리의 작은 마을 말헨에서 여행의 첫 발자국을 내디뎠을 때는 봄이었다. 나무들은 아직 새 잎을 얻지 못하고 헐벗은 채다. 따스함을 주는 햇살이 너도밤나무 숲의 앙상한 가지들을 통과해 숲 바닥을

1

보듬는다. 꽃을 일찍 피우는 식물의 싹이 이 기회를 이용해 가을 낙엽으로 쌓인 바닥에서 조심스레 햇살을 마중 나왔다. 아네모네, 애기똥풀, 설앵초 그리고 첫 번째 황화구륜초(카우슬립 앵초)는 이제 며칠만 있으면 숲 바닥을 꽃의 바다로 바꿔놓으리라. 벌써 40년째 우리는 오덴발트의 너도밤나무 숲이 봄을 맞아 보여주는 이런 변화를 곁에서 지켜보며 매번 경탄을 금치 못한다. 그러나 숲은 처음에는 목가적인 정경을 자랑한다 할지라도 기후변화로 직면하는 생존의 위기와 치열하게 맞서 싸워야만 한다. 한편으로 세계의 대부분 지역에서 대기권의 이산화탄소 비중이 높아지면서 숲에 나무들이 너무 많아졌다. 그와 동시에 따뜻하고 습한 겨울과 무덥고 메마른 여름과 같은 기상이변으로 나무들은 극심한 스트레스를 받는다. 스트레스를 받는 나무는 해충을 방어할 능력이 떨어진다.

특히 참나무 행렬모충나방*Thaumetopoea processionea*은 기후변화가 빚어내는 새로운 환경에서 아주 잘 증식하며, 나무좀과*Ipidae*의 곤충은 길어진 성장 시기 덕분에 몇 세대에 걸쳐 번식할 정도로 왕성한 생명력을 자랑한다. 세계적으로 이런 변화가 얼마나 밀접하게 연결고리를 이루었는지 잘 보여주는 예는 철새다. 동물은 주어진 환경에 적응해야만 생존 기회를 높일 수 있다. 철새는 필요한 먹이를 충분히 잡을 수 있어야만 새끼를 키울 수 있다. 그런데 기후변화로 곤충이 갑자기 다른 시기에 늘어난다면? 대부분의 철새는 이미 이런 환경에 적응해 아예 독일의 따뜻한 겨울에 머무른다. 그러나 기상이변이 잦아지면서 날씨가 정반대되는 상황을 계속 만들어낸다면 철새는 심각한 생존 위기에 직면할 수밖

에 없다.

우리는 그동안 여행하면서 개별적인 변화들이 서로 맞물려 작용하면서 전체 생태계를 뒤죽박죽으로 만든다는 점을 여러 차례 경험했다. 남아프리카에서 테사 올리버는 핀보스 식물군계의 발전 단계가 그때그때 필요한 자원에 얼마나 의존적인지, 식물 발달의 근본 조건이 철저하게 뒤바뀔 때 무슨 일이 일어나는지 그림처럼 선명하게 풀어주었다. "기후변화? 우리는 아닌데!" 여행을 하는 내내 우리가 거듭거듭 들은 말이다.

1 헤센 오덴발트의 가장 높은 언덕인 노인키르허 회헤에서.
2 우리의 아이슬란드 망아지 팔라디스와 스핑크는 아주 힘이 좋은 여행 파트너임을 여실히 증명했다.
3 사프란 꽃은 계속해서 우리 발걸음을 멈추게 했다.

2

3

1

1 봄에 이상할 정도로 높은 기온 탓에 오덴발트의 케아 과수원에 너무 일찍 꽃이 피었다. 5월에는 늦서리가 수확을 위협한다. 서리 방지용 양초가 과수원의 기온이 떨어지지 않도록 불을 밝혔다.

2 케아 과수원의 주인은 아스트리트와 요아힘 슈람이다. 이 부부는 이미 기후변화를 고려해 친환경 농법으로 종의 다양성을 지킬 수 있게 과수원을 운영한다.

3 그로스비베라우에 있는 과수원에서 늦서리가 위협할 때면 아스트리트와 요아힘은 이미 새벽 두 시에 일어나 나무의 꽃이 얼어붙지 않게 구조 작업을 벌인다.

2

3

4

4 과수원에는 여러 꿀벌 떼가 생활한다.
5 꽃을 일찍 피우는 식물의 철이 끝났다. 서양너도밤나무의 나
  뭇가지들이 굵고 푸르러졌다.
6 펠젠메르에서 우리는 라이헨바흐로 향했다.

5

6

오덴발트에서 우리는 부드러운 능선과 함께 다양한 풍경을 만났다.

1 알베르스바흐의 밀짚 호텔에서 하룻밤을 묵게 되어 기뻐하는 프리다.
2 한나는 봄을 좋아해 봄이 가져다주는 선물을 소중히 여긴다.
3 우리가 유회헤를 향해 자전거 페달을 밟을 때는 가을이었다.
4 미오가 발크하우젠과 슈타펠 사이에 있는 펠젠메르에서 나무 타기 시범을 보인다.

5 알프스에서 건재함을 과시했던 트레일러가 이번에도 함께 했다. 지금은 한나가 끌 차례.

6 발크하우젠에서 잠시 휴식을 취할 때 만난 소들.

7 하일리겐베르크 성 앞 풀밭에서 즐기는 점심식사. 팔라디스도 맛나게 풀을 뜯어먹는다.

특히 호주의 밀 재배 지역처럼 대형 농장을 가진 농부의 입에서 우리는 이 말을 들었다. 기후변화가 어떤 영향을 빚어내는지 잘 알 수 없어서 그런 것은 아니다. 농부들은 이런 말도 하기 때문이다. "기후변화가 큰 재앙이기는 하지, 아닌가?" 아무튼 심각성은 알면서도 인정은 하지 않으려는 것이 기후변화를 대하는 우리 인간의 통념이다. 이런 통념은 바로 옆에서 벌어지는 작은 변화를 주목하지 못하는 탓에 생겨난다. 기후변화는 바로 모든 집의 현관 앞에서 벌어지는 작은 변화가 서로 맞물리면서 전 세계적인 차원으로 올라서는 현상이다.

그 좋은 예가 케아Kea 과수원에서 보는 현상이다. 과일나무는 너무 일찍 꽃을 피우고 때 아닌 서리가 꽃을 공격한다. 슈람 가족은 몇 년 전부터 드문, 이곳 오덴발트의 기후에서 찾아보기 힘들던 수종을 골라 재배하는 모험을 시도해왔다. 과일 업계의 노련한 종사자, 심지어 과수 재배 전문가마저 처음에는 아스트리트 슈람Astrid Schramm과 요아힘 슈람Joachim Schramm의 이런 시도를 보며 쓴웃음만 지었다고 한다. 그러나 가족은 이 계획에 충실했으며, 다양한 종을 재배하려는 시도를 멈추지 않았다. 변화한 기후 조건 아래서 어떤 수종이 가장 잘 자랄까? 새로운 농법을 시도할 때마다 주변 사람들은 고개만 절레절레 저었다. 가족은 굴하지 않고 길게 내다보며 뿌리를 깊게 내리고 인공관개에 의존하지 않는 나무, 몇 년을 기다리더라도 튼실한 과일을 맺을 나무를 심고 가꾸는 데 주력했다. "나는 고풍스럽기는 하지만 자연과 더불어 조화를 이룰 농법을 고집했어요." 아스트리트 슈람의 설명이다. 다양한 종을 고집한 불굴의 의지는 충분한 보상을 받았다. 단일 수종만 고집하는 농법은 기후 조건의 변화와 그에 따른 기상이변 탓에 지나치게 많은 비용을 요구하기 때문이다. 슈람 가족은 늦서리가 꽃을 위협하면 양초에 불을 붙여 나무들 아래 세워둠으로써 최소한의, 그러나 중요한 보온 작용이 일어날 수 있게 해주었다. 물론 이런 방법 역시 비용이 들어간다. 그러나 이런 노력 덕분에 수확은 풍성했다. 다만 키위의 작황이 아쉬웠을 따름이다. 그러나 슈람 가족은 지구 반대편에서 이 과일을 수입해 먹는 것보다 이 방법이 훨씬 큰 의미가 있다고 생각한다.

사과의 경우 다양한 종을 재배한 덕에 늦서리의 피해를 입지 않는

마지막 낙엽이 떨어진다.

종은 몇 가지 있게 마련이다. "늦서리로 피해를 보는 해에는 최대의 수확은 기대할 수 없지만, 그래도 항상 충분한 수확을 올립니다." 아스트리트의 이 말은 작년 여름처럼 건조한 시기가 오래였을 때에도 적용된다. 그런 메마른 여름에도 베를레프슈Berlepsch나 레넷Rennet 또는 그라벤슈타인Gravensteiner 같은 재래종 사과는 좋은 결실을 보여주는 반면, 최근에 개발된 품종은 작황이 좋지 않았다. 물론 확실한 재배 모델은 없다고 아스트리트는 강조한다. 그리고 기후변화가 외국에서 들어온 새로운 해충, 이를테면 일본의 초파리에 어떤 영향을 주는지 케아 과수원은 좀 더 지켜봐야 한다는 입장이다. 그러나 아스트리트 슈람이 처음에는 몽상이나 일삼는 허튼 사람이라는 비웃음을 사기는 했지만, 최근 바이에른 농업진흥청의 과일 분야 공무원은 그녀를 찾아와 다양한 종을 재배해온 경험을 나누어 달라고 간청했다고 한다. 오덴발트의 이 과수원은 그저 빠른 수확에 목을 매는 대신, 불필요한 것을 최대한 배제하고 전통적 농법을 새로운 길을 찾아내고자 하는 의지와 맞물리면서도 꾸준하고 지속적인 성장을 꾀하는 자세가 응분의 보상을 받는다는 좋은 사례. 슈람 부부의 딸 케아는 이런 경험을 내일의 세상으로 품고 가리라.

포도밭과 아몬드나무 그리고 복숭아나무가 우거진 베르크슈트라세에서 멀어져 계곡과 습지가 있는 오덴발트로 깊이 들어갈수록 우리 아이들은 신이 났다. 유회헤를 넘어 알베르스바흐로 가는 마지막 구간을 우리는 11월 초에 출발했다. 나무에서 황금색의 낙엽이 하늘하늘 떨어져 내린다. 이른 아침에 짙은 안개가 계곡을 감싼 모습이 꼭 스프를

보는 것 같다. 나무줄기 사이로 강한 햇살이 비쳐 안개와 만나 굴절하는 모습은 한 폭의 장엄한 빛놀이다. 미오와 한나와 프리다가 낙엽을 가지고 서로 던지며 노는 탓에 우리는 이따금 숲 언저리에 발걸음을 멈추고 쉬었다. 알베르스바흐에 이르는 계곡의 구불구불한 내리막길 끝에 우리가 숙박할 밀짚 호텔이 있다. 우리는 올해의 마지막 손님이다. 가져온 두툼한 침낭을 우리는 짚단 위에 펼쳤다.

미오가 한밤중에 숲을 산책해보자고 제안했다. 우리는 헤드램프를 쓰고 마을을 지나 숲으로 갔다. 램프 불빛 속에서 우리는 닿을 듯 우리 머리를 스쳐 날아가는 박쥐를 보았다. 곤충을 사냥하느라 박쥐는 어지럽게 날아다닌다. 차가운 공기가 가을 냄새를 물씬 풍겼다. 촉촉한 흙과 버섯이 풍기는 향기다. 인생을 살며 절대 포기하고 싶지 않은 게 바로 이런 향기다. 옌스와 나는 눈빛으로 동감과 공감을 주고받았다. 돌연 미오가 긴장했다. "여기 살쾡이가 있나 봐?" 어두운 숲의 나무들 사이로 어떤 형체가 녹색의 눈빛을 반짝인다. 꼼짝도 않고 웅크린 자세로 우리를 노려본다. "꼭 칼라하리 같은데!" 프리다의 이런 비유에 우리는 모두 빙긋이 웃었다.

몸소 세계를 체험한 것은 아이들에게 깊은 흔적을 남겼다. 아이들은 우리 별이 얼마나 환상적인 곳인지, 그러나 또 뭔가 어긋나고 있다는 것도 안다. 아이들은 자신의 미래가 걸린 문제라는 점을 정확히 안다. 그래서 스스로 미래를 어찌 꾸며갈지 저마다 꿈을 가졌다. 미오는 억만장자가 되겠다고 한다. "축구선수 또는 요리사로. 암튼 중요한 건 많은 돈을 버는 거야." 아이고 애야, 무슨 미니 자본가야? 살짝 당황한 목소리로 나는 미오에게 돈은 먹을 수

없다고 말해주었다……. "엄마는! 내가 무슨 바보인 줄 알아." 미오는 손으로 허리를 받치고 당당하게 대꾸한다. "돈으로 나는 숲을 살 거야. 그래서 멸종 위험을 받는 동물을 숲에 살게 해줄 거야. 그리고 밭도 사서 독이 없는 채소를 키울 거야."

오늘날 과학자들이 최신 정보를 바탕으로 예상하는 미래는 결코 장밋빛이 아니다. 그렇지만 또 분명한 사실은 내일의 세계가 어떤 모습일지 누구도 정확히 예측할 수 없다는 점이다. 그래서 정말 좋은 소식은 이런 거다. 내일의 세계는 바로 우리 손에 달렸다.

1 우리는 전기자전거에 트레일러를 연결해 길을 가보기도 했다. 이로써 우리는 어떤 대안 이동수단이 있는지 시험해 보았다.

1

오덴발트의 인디언 서머.*

* indian summer, 비가 오지 않고 따스한 날씨를 자랑하는 가을을 이르는 표현이다.
  만년에 맞는 행복한 성공을 이르는 비유 표현이기도 하다.

거 봐, 되잖아!
: 하랄트 벨처

"위험한 여행에 참가할 남자를 찾습니다. 보수는 보잘것없고 혹독하게 추우며 몇 달을 칠흑 같은 어둠 속에서 지내야 합니다. 끊임없이 위험에 시달리며 무사귀환도 불확실합니다. 다만 성공하면 명예와 인정이 보장됩니다."

유명한 남극 탐험가 어니스트 섀클턴*이 〈타임스The Times〉지에 게재한 이 구인광고는 대략 100년 전의 것이다. 탐험대를 태운 배가 빙산에 박살이 나며 선원들이 극지방의 얼음에서 구조 작업을 하며 사투를 벌이다가 많은 이들이 목숨을 잃는 등 극지방 연구가 실패를 거듭하던 영웅 시절의 이야기다. 그 가운데 극적으로 목숨을 건진 몇몇 사람의 입으로 그 시절의 영웅담은 계속 전해져 온다.

아무튼 오래 전 이야기다. 오늘날 탐험은 깨끗이 자취를 감추었고 그 대신 인터넷이 호기심을 달래준다. 그리고 참으로 멋진 기술 유토피아, 예를 들어 센서로 무장한 침대가 수면 상태를 감독하며 음악으로 편안한 잠을 자도록 유도하는 가운데 '자율주행' 자동차가 목적지까지 주인을 데려다준다든가, 냉장고가 떨어져가는 우유를 자동으로 주문해 '아마존'이 배달해주는 '스마트 홈' 덕분에 우리는 부족함을 모른다. 요컨대, 세상은 탐험으로 발견되어야 하는 것이 더는 아니며, 오로지 상품으로만 이뤄진다. 인생은 모험이 아니며, 전천후 돌봄을 받는 인생, 말하자면 누구나 베이비로 살아가는 지루한 시간 죽이기가 되고 말았다.

디지털 경제가 우리를 유아기로 되돌려 놓은 탓에 어른이 되지 못한다는 점은 차치하고라도, 이런 식으로 21세기는 감당되지 않는다. 더 많은 소비, 물질, 에너지, 편리함으로는 미래를 감당할 능력이 키워지지 않기 때문이다. 생명의 가치를 소중히 여기는 미래를 열어가는 자세, 어떻게 하면 자

* Ernest Shackleton(1874~1922), 아일랜드 태생의 영국 군인이자 탐험가다. 1901년에 처음 남극 탐험에 나선 것을 필두로 모두 네 번에 걸친 시도 끝에 남극에서 사망했다.

연과의 조화를 되살릴 수 있는지 발견하려는 노력이 중요하다.

이런 발견을 위한 탐험을 야나와 엔스 슈타인게써 부부와 그 네 아이들이 감행했다. 이로써 기후변화라는 심각한 주제를 모험의 즐거움과 연결시키는 데 성공했을 뿐만 아니라, 이 여행을 따라 해보고 싶은 욕구를 자극하는 책이 탄생했다. 되도록 알뜰하게 여행을 떠나 좋은 인생을 만드는 결정적 요인이 무엇인지 정확히 살피는 태도, 또는 지금까지의 익숙한 생활을 시험대 위에 세우고 경우에 따라 개선하려는 노력이 이런 성공을 이끈 비결이다.

현재 우리의 경제와 사회 모델이 이미 미래를 가지지 않는다는 점은 간단히 두 가지 사실만 살펴도 분명하다. 우선 경제는 제 살 깎아먹기를 한다는 점에서 너무나 비경제적이다. 둘째, 정치를 비롯해 사회의 다른 어떤 분야에서도 미래를 염려하는 논의는 이뤄지지 않는다. 원자재 소비, 에너지 수요, 배기가스 배출 및 쓰레기 배출양 따위의 데이터를 놓고 계산해서 살펴보면, 현재 인류는 지구가 감당할 수 있는 규모의 1.5배를 뽑아 쓰고 불태우며 내뿜거나 쌓아둔다. 지구는 이런 원자재를 계속 키우거나 쓰레기를 흡수할 수 없다. 이런 행태는 의심할 바 없이 미래 경제를 전혀 고려하지 않는다. 어떻게 이런 남용이 가능할까? 전 세계적인 데이터를 보면, 일찌감치 산업화에 성공한 국가의 국민은 개발도상국 국민에 비해 1인당 다섯 배에서 열 배나 더 많이 소비하고 배출한다. 추세가 이대로 지속된다면 상황은 더욱 심각해질 것이 불 보듯 환하다. 물질 소비가 중심이 되는 지금의 생활은 전 세계적으로 그 수준이 갈수록 상향평준화하기 때문이다. 다시 말해서 인간의 파괴적인 행위는 갈수록 더 커진다.

경제의 글로벌화가 빨라질수록 이 경제가 통하는 방식의 반감기는 짧아진다. 경제의 가치는 예전과는 비교도 할 수 없을 정도로 빠르게 반 토막이 난다는 말이다. 지금 내가 무슨 종말론을 이야기하려는 것은 아니다. '세계'가 멸망한다거나 '인류'의 존재가 위협받는다고 말할 수 있는 사람은 아무도 없다. 다만 생존 조건의 변화, 이를테면 기후변화, 토양 손실, 바다에서 일어나는 남획과 과도한 산성화 등으로 국가와 사회는 갈수록 심한 스트레스를 받는다. 스트레스가 얼마나 치명적일지, 또는 그런 대로 감당할 만한지 하는 것은 각 국가나 사회가 이를 이겨낼 능력을 갖추었는지 하는 문제다. 경제력과 군사력, 잘 구축된 재난보호 시스템, 국제적 힘겨루기에서 나름 유리한 위치를 차지한 국가는 스트레스를 이겨낼 수 있다. 반면 이런 강점들을 갖추지 못한 나라의 스트레스는 꾸준히 커진다. 바로 그래서 정치는 종말론이 아니라, 국익과 인권과 민주주의라는 문제에 치중해야만 한다. 그리고 정의의 문제도.

결국 오늘날 산업화에 성공한 국가의 국민이 누리는 자유와 민주주의, 법치국가, 교육, 복지, 보건의 수준이 '글로벌 스탠더드'로 자리 잡을 수 있느냐 하는 물음에 모든 것이 달렸다. 생존 조건이 열악한 처지에 있는 사람들을 위해 경제와 생활 방식을 적극적으로 바꾸어나갈지, 아니면 갈수록 스트레스를 키워가는 과정을 그저 지켜만 볼 것인지를 놓고 정치는 양자택일을 해야만 한다. 바꿔 말해서 계속 경제를 최우선의 가치로 삼아 결국 문명의 몰락을 불러와 약육강식, 곧 강자가 약자보다 더 많은 권리와 생존기회를 누리는 난장판을 빚는 것이 온당한지 정치는 답을 내놓아야 한다.

분명하게 말하자. 어떻게 해야 우리는 더 많은 것을 누릴 수 있을까 하는 물음과 현대 사회는 작별해야만 한다. 오히려 정확한 물음은 모든 사람이 인간다운 삶을 살며 자신이 옳다고 여기는 방향으로 인생을 꾸릴 기회를 동등하게 누릴 수 있게 하려면 나는 어떤 경제생활을 해야 하느냐다. 우리가 함께 머리를 맞대고 답을 찾아야 하는 물음은 이런 것이다. 이 물음은 개인의 차원으로는 다음과 같이 옮겨진다. 어떻게 해야 나는 나의 자유와 누구에게나 보장되어야 하는 안전한 삶을 조화시킬까? 분명 더 많은 상품과 서비스에 의지하는 태도로는 이런 물음의 답을 찾을 수 없다. 부유한 국가의 국민이 보이는 소비행동만 보아도 문제의 심각성은 숨길 수 없이 드러난다. 세계에서 생산된 모든 식량의 3분의 1이 그냥 버려지는 게 질 높은 삶의 수준일까, 아니면 생명을 무시하는 폭거일까? 이런 식량을 생산하고 유통하며 판매하고 구매하며 늦든 빠르든 언젠가 버려지는 데 들어가는 엄청나게 많은 에너지와 물질과 노동을 생각한다면, 절약이야말로 우리 모두의 의무다.

이른바 '행복 지수'는 주관적인 행복감이 더 많은 물질을 누린다고 해서 커지지 않음을 보여준다. 부자가 되었다고 해서 행복감이 더 커지기는커녕 예전만큼 꾸준한 경우도 찾아보기 힘들다. 더욱 묘한 사실은 따로 있다. 좀 덜 쓰는 것이 좋은 인생의 조건이 아닐까 하는 질문에 부유한 사회의 대다수 시민은 더욱 아름답고 자유롭게 살 수 있는 조건을 택하기보다는 주저 없이 '포기'를 택한다는 점이다.

물론 물질적 풍요를 택하는 사람이 없는 것은 아니다. 이런 잘못된 선택을 버릇으로 만드는 원인 가운데 하나는 광고다. 그러나 이보다 더 중요한 다른 원인이 있다. 매력적인 대안이 분명 존재하기는 하는데 잘 드러나지 않는다거나 거의 드러나지 않는다는 점이다. 덜 일하고, 교통에 시달리지 않으며, 스트레스를 덜 받고, 낭비를 줄이는 다른 인생도 얼마든지 가능하지 않느냐고 물을 때 대다수 사람이 굳은 목소리로 "그건 안 돼" 하고 답하는 이유는 이처럼 구체적인 대안을 모르기 때문이다. 독일에서 의류 제조업을 한다고? 글로벌 경쟁력이 떨어져서 "그건 안 돼." 뮌헨에서 임대료를 낮추라고? "그건 안 돼." 뮌헨이잖아. 독일에서 구두를 만들어 판다고?

"그건 안 돼." 의류업을 봐. 아이들과 요리를 한다고? "그건 안 돼." 아이들이야 햄버거를 좋아하잖아. 아무튼 이런 식으로 안 된다는 말은 끝없이 이어진다.

푸투어츠바이 재단*은 지속가능성을 더 나은 삶과 연결시키며 실천적인 답을 찾아 "거 봐, 되잖아!" 하고 외친 사람들의 사례를 찾아 대중에 널리 알리고자 하는 목적으로 몇 년 전에 창설되었다. 아니, 심지어 지속가능성을 중시하며 자연과의 조화를 도모하는 인생이 좋은 인생임을 재단은 보여주고 싶었다. 결코 자신의 이해득실만 따지지 않고 관계를 중시하며 타인과 더불어 사는 것이야말로 좋은 인생이기 때문이다. 푸투어츠바이는 이런 의미에서 지속가능성을 실천하려는 사회운동의 홍보대사를 자처하기도 한다. 아직 잘 알려져 있지 않지만 이런 운동을 실천하려는 시도는 차고 넘치기 때문이다. 수선 카페, 공동 텃밭, 용품 대여점, 기브 박스, 교환거래소, 에너지 조합으로 그 사례는 수도 없이 이어지지만, 이런 노력을 하나의 맥락으로 보는 사람은 그리 많지 않다.** 개별적으로 보면 이런 운동은 '통상적 비즈니스'와 경쟁할 수 없어 사회적 영향력을 거의 가지지 않는 작은 단위의 풀뿌리 운동이다. 그러나 하나의 큰 맥락에서 보면 바로 지속 가능한 미래를 시험하는 거대한 현실 실험이 바로 이런 운동이다. 분명히 말할 수 있는 점은 모든 사회운동은 그 출발이 미미했다는 사실이다. 그러나 도시원예가 불과 몇 년 만에 전 세계적인 운동으로 선풍적인 인기를 끌어 도

* FUTURZWEI, '미래 2'라는 뜻으로 사회학자 하랄트 벨처 교수가 독일의 선도적 기업들에서 기부금을 받아 2012년에 설립한 재단이다. 이 재단은 지속 가능한 미래를 집중적으로 연구하며 독일의 유력 일간지 〈타게스차이퉁〉과 더불어 정치와 미래를 다룬 계간지를 발간한다.
** 수선 카페(Repair café)는 특정 물품을 선호하는 사람들끼리 모여 수선하고 보완하는 요령을 주고받는 일종의 행사다. 기브 박스(Give-Box)는 서로 필요로 하는 물건을 금전거래 없이 바꿔 쓰는 운동이다. 에너지 조합(Energiegenossenschaft)은 지역 차원에서 소비자들이 단체를 결성해 재생 가능한 대안에너지의 개발과 활용을 위해 투자하는 조합이다.

시계획과 도시 마케팅에 직접 반영되는 것을 보고도 미미한 출발 운운할 수 있을까? 독일에서 '먹을 수 있는 도시'라는 표어를 내걸고 텃밭 가꾸기를 실천하는 안더나흐나 뉴욕의 하이라인•••을 두고도 그런 말을 할 수 있을까? 이런 사례들이 보여주듯 사회운동에서 작다 또는 크다는 별 의미 없는 단어일 뿐이다. 어떤 것이 효력을 발휘하고 심지어 주류로 올라설지는 처음 태동하는 순간에는 절대 예견할 수 없다. 다만 확실하게 말할 수 있는 것은 모든 이런 "거 봐, 되잖아!" 프로젝트가 정치가와 투자자가 모두 흥분하는 멋진 스타트업들보다 훨씬 오래가는 지속력을 자랑한다는 점이다. 그토록 떠들썩했던 스타트업이 대개 하루살이 신세를 면치 못한 것을 보라.

그럼 "거 봐, 되잖아!"의 구체적 사례를 한번 보자. 지나 트링크발더Sina Trinkwalder를 두고 사람들은 처절하게 실패할 모든 조건을 갖추었다고 수군거렸다. 그녀는 의류를 전공하지도 않았으면서도 옷을 독일에서 만들려고 노력했다. 그것도 지속 가능한 재료, 공정하게 생산된 재료만을 쓰려고 고집했다. 채용한 직원은 모두 이미 노동시장에서 물러난 고령자 일색이었다. 이보다 더 "안 돼!"는 조건은 거의 없지 않을까? 그러나 누가 안 된다고 그래! 창업한 지 5년이 지난 오늘날 아우크스부르크의 마노마마Manomama는 직원 150명과 함께 알짜배기 수익을 올리는 기업이다. 지나는 '공정함'을 기리는 상을 받고 곧이어 독일 연방정부가 수여하는 공로훈장도 받았다. 그녀는 자신의 성공 비결을 '숙녀와 신사'(그녀는 직원들을 이렇게 부른다) 그리고 고객과 납품업자와 서로 소중히 여기는 관계를 가꿔온 것이라고 본다.

오스트리아의 구두와 가구 제조업체 GEA의 설립자 하인리히 슈타우딩거Heinrich Staudinger도 같은 원칙을 중시했다. 그동안 그는 이윤 극대화가

••• Highline, 뉴욕의 길이 1마일에 달하는 도심 선형공원이다. 서울역 인근의 고가도로를 재활용한 도심공원인 서울로7017가 하이라인을 벤치마크했다.

아니라 공동선과 인생 의미를 추구하는 새로운 기업 문화의 팝스타로 발돋움했다. 그는 계속해서 직원을 채용하며 자신은 예나 지금이나 최소한의 봉급만 받는다. 그가 매달 회사에서 챙겨가는 돈은 1,000유로가 채 되지 않는다. 그는 더 많은 돈을 가져봐야 쓸 데가 없다고 말한다.

뮌헨에 있는 골트그룬트 부동산의 접근 방식은 이 두 기업과 다르다.* 이 가상의 건설사는 월세가 비싸기로 유명한 뮌헨에서 빈 집이 속출하자 집주인들을 찾아다니며 무료로 리모델링을 해줄 테니 월세를 낮추자고 설득하고 다녔다. 집의 관리를 맡는 것이 조건이었다. 이렇게 해서 집주인과 세입자를 공동의 이해관계로 끌어들여 도시의 낡은 구옥을 산뜻하게 바꾸면서 월세를 낮추게 해 다시금 주민들의 활력이 넘쳐나는 뮌헨으로 탈바꿈시킨 이 운동은 선풍적인 인기를 끌었다. 더 나아가 이 운동은 저항도 재치 있고 매력적으로 할 수 있음을 보여주었다. 요컨대, 도시의 주인은 시민이다. 시민이 주인 의식에 눈뜨면서 뮌헨은 많은 긍정적 변화를 경험했다.

또 다른 "거 봐, 되잖아!"의 주인공은 베를린의 영양학자 티모 슈미트Timo Schmitt다. 그는 버스회사에서 퇴역한 버스를 사들여 개조한 뒤 킴바모빌Kimbamobil이라는 이름의 이동식 주방을 만들어 학교마다 다니며 아이들에게 요리를 가르쳐 대성공을 거두었다. 그동안 패스트푸드와 인스턴트식품만 알던 아이들은 이 버스에서 음식이 단순히 빨리 배만 불리는 게 아니라는 것을 배웠다. 더욱이 함께 요리를 하며 아이들은 협력과 조화가 무엇인지 터득했다.

* 황금 밭이라는 뜻의 골트그룬트 부동산(Goldgrund-Immobilien)를 시작한 알렉스 륄레(Alex Rühle)는 뮌헨에서 발간되는 유명 일간지 〈쥐트도이체 차이퉁〉의 기자로 인터넷과 스마트폰 없이 살아보기를 주제로 쓴 책 《달콤한 로그아웃》(Ohne Netz)으로 유명해진 인물이다. 그는 친구들과 2012년에 골트그룬트 부동산이라는 부동산 개조 운동을 시작해 지금도 활발히 활동하고 있다.

"거 봐, 되잖아!"의 또 다른 사례를 보여준 사람은 건축가 판 보 레 멘첼Van Bo Le Mentzel이다. 그는 간단하게 조립할 수 있는 가구 '하르츠 4 가구 Hartz-IV-Möbel'를 선보여 유명해졌다. 그동안 그는 난민이 손수 집을 지을 수 있게 도왔으며, 디자인 교수로 받는 봉급은 학생들에게 나누어주었다. 또 예산 한 푼 없이 모든 것을 참가자들이 스스로 알아서 해결하며 영화를 찍는 작업도 그의 솜씨다.

이 기획, 운동, 프로젝트 그리고 그 주체들 사이에는 한 가지 공통점이 있다. 이들은 그저 생각에만 그치지 않고 직접 실천에 옮겨 인생의 성공을 일구었다. 이들은 심리학적으로 중요한 근거에서 나무랄 데 없는 본보기 역할을 톡톡히 해냈다. 인생의 경로를 바꾸는 일은 엄청난 불안을 초래하기 때문이다. 익숙한 습관에서 빠져나오려는 결정은 새롭게 방향을 잡는다는 것을 뜻한다. 이들은 새로운 답을 찾으려 그동안 익숙하던 삶을 과감하게 벗어났다. 그밖에도 왜 그런 기묘한 일을, 그것도 실패의 위험을 무릅쓰고 하는지 주변 사람들에게 누누이 설명해야만 했다. 대다수 사람은 주어진 길을 가는 것을 선호한다. 당연한 심정이다. 그러나 지나 트링크발더 또는 판 보 레 멘첼은 변화의 두려움을 이겨냈다. 이들은 용기를 가지고 뭔가 새로운 것을, 얼핏 보기엔 안 되는 것을 과감하게 시도했다.

가장 흥미로운 점은 이제부터다. 익숙함에서 빠져나오는 첫 걸음은 새로운 방향으로 나아갈 두 번째, 세 번째, 네 번째 발걸음을 내디딜 확률을 높인다. 옛 길로 돌아가지 않고 버티면 인간은 새 길을 확실히 걸어가는 법을 배우기 때문이다. 뭔가 새로운 것을 시도하고 성공하는 일은 개인에게 무엇과도 비길 수 없는 만족감을 심어준다.

나는 몇 년 전에 학자의 삶을 벗어났다. 아카데미가 변화에 거부하는 지독한 관성을 자랑한다는 느낌이 괴로웠기 때문이다. 교수로 몇십 년을 성공적으로 일했음에도 처음 교수를 시작했을 때보다 자유는 더 줄어든 것 같았다. 물론 새로운 시도가 실패할까 두려웠고, 어떤 게 올바른 선택인지 근심은 끊이지 않았다. 그러나 나는 놀라울 정도로 빠른 시간 만에 아카데미라는 굴레에서는 전혀 만나지 못했을 아주 흥미로운 사람들을 알게 되었다. 내가 경험하는 세계가 그만큼 넓어졌다. 이런 확장이 내게는 무척 소중하다.

푸투어츠바이를 다른 사람들과 함께 세우며 특히 나를 열광시켰던 것은 트링크발더, 판 보를 비롯한 익숙한 현실의 '트랜스포머'가 퍼뜨리는 좋은 기분이었다. 스스로 결정해서 이런 좋은 기분을 맛본다는 것은 대단히 행복한 일이다. 세계의 열악한 상태를 연구하고 그 충격적인 결과를 학술회의 석상에서 교환하는 사람이 이런 행복감을 맛보기 힘들다. 이들이 제시하는 데이터는 우울하기만 하다. 또 연구라는 틀 안에는 변화의 공간이 보이지 않는다. 다시 말해서 학자들은 변화의 주체를 '저 바깥'에서만 찾으며, 기후변화와 같은 숙명적 사건을 놓고 사람들을 가르치려고만 한다. 그러나 염려하라고 가르쳐준다고 해서 자신의 인생을 바꾸게 될까? 그런 사람은 거의 없다.

야나와 옌스 슈타인게써는 이 책으로 현실과 이론이라는 두 세계를 보기 좋게 결합해냈다. 이 부부는 자녀 네 명과 함께 세계를 여행하고 걸어서 알프스를 횡단하는 보기 드문 프로젝트를, 그것도 막내가 갓 두 살임에도 해낼 수 있음을 보여주었다. 또 복잡한 자료와 위험한 현상을 알기 쉽게 풀어줌으로써 심지어 '내일의 세계'를 의미 있게 꾸며가는 도전이 즐거울 수 있다는 점을 일깨워주기도 했다.

나는 자유로운, 또 궁핍함에 시달리지 않는 사회에서 사는 것이야말로 최고의 특권이라고 생각한다. 우리는 이 자유를 가지고 뭔가 만들어내는 책임감을 느껴야 한다. 실제로 변화를 불러일으킬 수 있구나 체험할 때 책임감은 행복으로 바뀐다. 심리학자는 이런 것을 두고 '자기효능감'이라고 부르리라. 철학자는 아마도 이런 것이 진짜 행복이라고 말하리라. 어떤 경우든 책임감을 가지고 변화를 일구려는 시도는 수동적인 소비와는 견줄 수 없을 정도로 중요한 것이다. 되는 것을 해내는 자세, 이것이 자유다.

하랄트 벨처
Prof. Dr. Harald Welzer

미래를 열어갈 능력을 연구하는 재단 '푸투어츠바이'의 이사장이며, 플렌스부르크 대학교의 변화 디자인 명예교수다.
어떻게 해야 인간이 후손에게 바람직한 미래를 선물해줄 수 있는지 하는 문제를 집중적으로 다루어왔다. 또 이런 문제를 해결하려는 노력이 왜 정말이지 즐거운지도 보여준다.

아 이 들 과
여 행 할   때
필 요 한
준 비 물

바람을 불어넣을 수 있는 공: 축구는 세계 어디서나 한다. 심지어 그린란드의 얼음 위에서도 아이들은 축구를 즐긴다. 미오가 친구를 사귀는 가장 빠른 방법이다.

고향 사진: 세상을 여행하며 만나는 사람들은 자신이 어떻게 사는지 살펴볼 기회를 우리에게 준다. 그럼 우리도 보답해야 하지 않을까.

구급용 밴드: 옌스가 알프스 횡단에서 몸소 보여주었듯 요즘 신발이 아무리 튼튼해도 부상은 언제 일어날지 모른다.

태블릿이나 전자책 단말기: 파울라 같은 책벌레는 도서관을 통째 지고 다녀도 성에 차지 않는다. 다만 배터리를 충전할 장비를 꼭 갖추도록.

충분한 시간 여유: 아이들과 함께하는 여행은 더 오래 걸리기 마련이다. 이런 점을 미리 감안해 계획을 짜면 훨씬 여유로운 여행이 기다린다.

망원경: 볼 것은 언제 어디나 있다.

튼튼한 신발: 열기를 견디기 힘들거나 장거리에 피곤하기는 할지라도 남아프리카나 호주를 여행할 때에는 독사나 전갈을 조심해야만 한다.

아이들 장화: 비가 많이 내릴 때는 장화가 운동화를 아껴준다.

임기응변의 여유: 여행이 지나치게 굳어지지 않게 언제나 '플랜 B'가 있어야만 한다.

아동용 구명조끼: 물이 있는 장소라면 북극해든 남아프리카공화국의 강이든 스웨덴의 호수든 아이들은 항상 구명조끼를 착용해야 한다.

아이들 수송 수단: 트레일러, 썰매, 보드는 아이들이 길을 가다 힘들어할 때 반드시 필요하다. 옌스는 지형에 맞는 것을 직접 만들기도 했다.

최소한의 장난감: 카드놀이, 주사위 세트, 색연필 몇 자루 그리고 좋아하는 인형이면 우리 아이들에게는 충분했다. 길을 가면서는 돌을 동물로, 물에 떠내려 오는 나뭇가지를 인형 집으로 삼고, 노끈 매듭짓기로 아이들은 놀이를 즐겼다.

모기장과 머리 보호망: 북반구의 나라에서는 여름에 식사를 할 때 모기장이 없으면 입으로 모기가 날아든다.

MP3 플레이어와 오디오북: 가장 좋은 것은 여럿이 동시에 들을 수 있게 이어폰 연결 어댑터를 갖추는 방법이다. 이러면 훨씬 즐거워할 뿐만 아니라 배터리도 절약된다.

나일론 끈: 낚시할 때 유용하다.

핀셋: 프리다는 그린란드에서 맞은 첫 날 연필심이 부러져 귓바퀴에 꽂혔다.

여행용 구급약품: 목적지 상황과 아이가 예전에 무슨 병을 앓았는지에 맞춰 약품을 준비하는 것이 좋다.

방수가 되는 복장: 역시 행선지와 계절 상황에 맞게 준비한다. 폭우를 만날 때도 대비해야 한다.

일상 의례: 저녁에 책을 읽어주거나 유치원에서 배운 노래를 같이 부르면 여행을 하면서도 일상의 리듬이 유지된다.

튼튼하고 빨리 마르는 옷: 이런 옷가지가 있어야 짐을 최소한으로 줄일 수 있다.

짐을 묶을 끈과 케이블타이: 장비를 고정시키거나 비상시 수리에 긴요하게 쓰인다.

사람 수만큼의 헤드램프: 문명과 거리가 있는 국가의 밤은 정말 어둡다.

긴급 상황에 대비한 전화번호: 우리는 무엇보다도 어디를 가나 가장 먼저 소아과 의사 전화번호를 챙겼다.

길이 조절이 가능한 등산용 스틱: 요즘 오랜 트레킹을 하는 사람들에게 뜨거운 인기를 누리는 것이다. 비상시에는 대피할 곳을 만들어줄 지지대로도 쓸 수 있다.

스위스 다용도 칼: 이 제품은 식사를 할 때 나이프, 숟갈, 포크로 쓸 수 있으며 무게도 거의 나가지 않는다. 아주 유용하다.

정수 필터와 접을 수 있는 물주머니: 여섯 명이 하루에 마실 물을 처음부터 들고 다닐 수는 없는 노릇이다. 필요한 경우에는 시냇물도 정수해서 마실 수 있어야 한다.

이 목록은 결코 완전한 것이 아니며 얼마든지 보충될 수 있다.

동그린란드의 틸러리라크에서 프리다에게 썰매를 태워주는 파울라.

감 사 의   말

가장 큰 감사는 우리 가족의 몫이다. 우리 아이들 파울라, 미오, 한나 그리고 프리다에게 고마울 따름이다.

감사의 마음을 전해야 할 분은 많기만 하다. 이 프로젝트가 기획되고 실행에 이르기까지 도와주신 분들의 이름을 한 분도 빠짐없이 밝히는 것이 도리지만, 너무 많아 일일이 불러드리지 못하는 것을 넓은 아량으로 헤아려주기만 바랄 따름이다. 특히 오지에서 우리를 친절히 맞아준 현지 주민 여러분과 힘들여 우리 썰매를 끌어준 개들에게 고마운 마음을 전한다. 알프스를 횡단할 때 우리 짐을 들어준 산악자전거 라이더에게도 깊은 감사를 전한다.

글을 기고해준 필자분들에게 특히 감사드린다.

로베르토 페로니, 슈테판 람스토르프, 모지프 라티프, 사라 스트로스, 테사 올리버, 틸로 포메레닝, 요슈타인 가아더, 마틴 베니스턴 그리고 하랄트 벨처에게 진심으로 감사드린다.

알렉산드라 슐뤼터Alexandra Schlüter와 슈테파니 애슈케Stephanie Jaeschke를 비롯해 내셔널지오그래픽 도이칠란트 팀에 고맙다는 말을 전한다. 여러분과 함께 일해서 우리가 가장 바라는 대로 이루게 되었다.

전폭적인 지원을 해준 아웃도어업체 잭 울프스킨에 감사한다. 이 지원이 없었다면 우리 프로젝트는 가능하지 않았다.

세계의 내일

1판 1쇄 발행 2020년 6월 4일

지은이 야나 슈타인게써, 옌스 슈타인게써
옮긴이 김희상
펴낸이 심규완
책임편집 문형숙
디자인 문성미
독자 모니터링 고경희

ISBN 979-11-967568-7-1 03450

펴낸곳 리리 퍼블리셔
출판등록 2019년 3월 5일 제2019-000037호
주소 10449 경기도 고양시 일산동구 호수로 336, 102-1205
전화 070-4062-2751 팩스 031-935-0752
이메일 riripublisher@naver.com

블로그 riripublisher.blog.me
페이스북 facebook.com/riripublisher
인스타그램 instagram.com/riri_publisher

이 도서의 국립중앙도서관 출판예정도서목록(CIP)은 서지정보유통지원시스템 홈페이지(http://seoji.nl.go.kr)와 국가자료공동목록시스템 (http://www.nl.go.kr/kolisnet)에서 이용하실 수 있습니다.(CIP제어번호: CIP2020019437)

《세계의 내일》 독자 북펀드에 참여해 주신 분들 (가나다순)

강미진	강성욱	강원중	강은실	강은진	강지나	고경희	고은영
권순조	권혁진	금미향	김규형	김남석	김남석(2)	김동순	김미현
김병희	김설아	김소연	김여진	김유나	김은아	김자영	김준탁
김지영	김진경	김철원	김현덕	김현랑	김형필	김혜연	김희정
남윤주	노현지	도영민	류지연	류호진	맹숙	목진무	문창기
박경만	박고운나	박기용	박선경	박세정	박세준	박유리	박정화
박지은	박혜미	배용현	배재예	배정현	배현숙	배현숙(2)	서동수
서정환	석균순	설은정	성기승	성백준	손한철	손현주	송선향
송주동	신동호	신은실	심채은	심혜란	양병희	오소연	오영찬
오형훈	우세진	유경민	유경민(2)	유미현	윤나래	윤호	이근영
이기웅	이미나	이미선	이보람	이상혁	이세연	이수진	이순규
이영희	이은진	이정미	이정옥	이지영	이지혜	이창희	이혜영
이호재	임미숙	임보리	임설희	임아승	임제이	장영빈	장지해
장형식	전세화	전지인	정명효	정미경	정상태	정선영	정순교
정찬희	정효정	조경미	조경오	조소영	조수영(2)	조유림	조은선
지윤	최나래	최미지	최성우	최수종	최영진	최영화	최윤석
최윤영	최인자	최현준	허채빈	홍세은	홍정은	황미주	황성현
황세영	황시영						

외 표기를 원하지 않으신 독자 여러분께 깊은 감사 드립니다!